包头市
农业外来入侵物种图鉴
——病虫篇

包头市农牧科学研究院　编

张冬梅　杨新宇　高　娃　主编

中国农业科学技术出版社

图书在版编目（CIP）数据

包头市农业外来入侵物种图鉴 . 病虫篇 / 包头市农牧科学研究院编；张冬梅，杨新宇，高娃主编 . -- 北京：中国农业科学技术出版社，2025.4. -- ISBN 978-7-5116-7379-4

Ⅰ . S186-64；S433-64

中国国家版本馆 CIP 数据核字第 2025C8C097 号

责任编辑　李冠桥
责任校对　王　彦
责任印制　姜义伟　王思文

出 版 者　中国农业科学技术出版社
　　　　　北京市中关村南大街 12 号　邮编：100081
电　　话　（010）82106632（编辑室）（010）82106624（发行部）
　　　　　（010）82109709（读者服务部）
网　　址　https://castp.caas.cn
经 销 者　各地新华书店
印 刷 者　北京捷迅佳彩印刷有限公司
开　　本　140 mm×203 mm　1/32
印　　张　3.125
字　　数　65 千字
版　　次　2025 年 4 月第 1 版　2025 年 4 月第 1 次印刷
定　　价　30.00 元

———— 版权所有·侵权必究 ————

《包头市农业外来入侵物种图鉴——病虫篇》编委会

主　编　张冬梅　杨新宇　高　娃
副主编　赵晓军　高　翔　潘子旺　杨　宁　王春辉
　　　　　李　凯　薛智平
编　委　薛　勇　王亮明　郭　琳　张笑妹　袁春爱
　　　　　崔超敏　刘　勇　高文华　刘明星　张　宁
　　　　　张　艳　段翠萍　邵立新　郝向玲　王丽芬
　　　　　孙　超　乔宝君　莫亚丽　张　莉　高晓红
　　　　　胡　雪　董晓菲　王　俣　王海丽　陈关屹
　　　　　马丽萍　李　霞　乌　兰　顾　垣　石和平
　　　　　田秀琴　梁立媛　赵丽君　孔繁琪　苗晓雨
　　　　　任　峰　张慧勇　白耀光　刘富贵　常　新
　　　　　孔凡婷　彭月娥

目 录

第一部分 外来入侵病原种类、发生及防治

一、番茄褐色皱纹果病毒…… **1**
  1. 分类地位……………… **1**
  2. 病原特征及为害症状… **1**
  3. 发生与分布…………… **2**
  4. 传播途径……………… **2**
  5. 发生流行规律………… **3**
  6. 防控措施……………… **4**

二、番茄黄化曲叶病毒……… **5**
  1. 分类地位……………… **5**
  2. 病原特征及为害症状… **5**
  3. 发生与分布…………… **5**
  4. 传播途径……………… **6**
  5. 发生流行规律………… **7**
  6. 防控措施……………… **7**

三、新德里番茄曲叶病毒…… **8**
  1. 分类地位……………… **8**
  2. 病原特征及为害症状… **8**
  3. 发生与分布…………… **9**
  4. 传播途径…………… **10**
  5. 发生流行规律……… **10**
  6. 防控措施…………… **11**

四、黄瓜绿斑驳花叶病毒… **11**
  1. 分类地位…………… **11**
  2. 病原特征及为害症状
    ………………………… **12**
  3. 发生与分布………… **13**
  4. 传播途径…………… **13**
  5. 发生流行规律……… **14**
  6. 防控措施…………… **14**

五、马铃薯纺锤块茎类病毒
  ………………………… **15**
  1. 分类地位…………… **15**
  2. 病原特征及为害症状
    ………………………… **15**
  3. 发生与分布………… **17**
  4. 传播途径…………… **17**
  5. 发生流行规律……… **18**
  6. 防控措施…………… **18**

六、玉米矮花叶病毒……… **19**
  1. 分类地位…………… **19**
  2. 病原特征及为害症状
    ………………………… **19**
  3. 发生与分布………… **20**
  4. 传播途径…………… **20**

5. 发生流行规律……21
6. 防控措施……22

七、李属坏死环斑病毒……22
1. 分类地位……22
2. 病原特征及为害症状……22
3. 发生与分布……24
4. 传播途径……24
5. 发生流行规律……25
6. 防控措施……25

八、番茄细菌性溃疡病菌……26
1. 分类地位……26
2. 病原特征及为害症状……26
3. 发生与分布……27
4. 传播途径……27
5. 发生流行规律……28
6. 防控措施……28

九、瓜类果斑病菌……29
1. 分类地位……29
2. 病原特征及为害症状……29
3. 发生与分布……31
4. 传播途径……31
5. 发生流行规律……32

6. 防控措施……32

十、辣椒细菌性叶斑病菌……33
1. 分类地位……33
2. 病原特征及为害症状……33
3. 发生与分布……34
4. 传播途径……35
5. 发生流行规律……35
6. 防控措施……35

十一、马铃薯晚疫病菌……36
1. 分类地位……36
2. 病原特征及为害症状……36
3. 发生与分布……36
4. 传播途径……37
5. 发生流行规律……37
6. 防控措施……38

十二、小麦网腥黑穗病菌……39
1. 分类地位……39
2. 病原特征及为害症状……39
3. 发生与分布……40
4. 传播途径……40
5. 发生流行规律……40
6. 防控措施……40

第二部分　外来入侵虫害种类、发生及防治

十三、四纹豆象……42
1. 分类地位……42

2. 形态特征……42
3. 为害发生情况……44

4. 防控措施 ………… 44
十四、番茄潜叶蛾 ………… **45**
　　1. 分类地位 ………… 45
　　2. 形态特征 ………… 45
　　3. 为害发生情况 ………… 45
　　4. 防控措施 ………… 47
十五、苹果蠹蛾 ………… **47**
　　1. 分类地位 ………… 47
　　2. 形态特征 ………… 48
　　3. 为害发生情况 ………… 48
　　4. 防控措施 ………… 49
十六、苹小食心虫 ………… **50**
　　1. 分类地位 ………… 50
　　2. 形态特征 ………… 50
　　3. 为害发生情况 ………… 51
　　4. 防控措施 ………… 51
十七、红铃虫 ………… **52**
　　1. 分类地位 ………… 52
　　2. 形态特征 ………… 53
　　3. 为害发生情况 ………… 53
　　4. 防控措施 ………… 53
十八、美国白蛾 ………… **55**
　　1. 分类地位 ………… 55
　　2. 形态特征 ………… 55
　　3. 为害发生情况 ………… 56
　　4. 防控措施 ………… 56
十九、美洲斑潜蝇 ………… **57**
　　1. 分类地位 ………… 57

　　2. 形态特征 ………… 58
　　3. 为害发生情况 ………… 58
　　4. 防控措施 ………… 59
二十、意大利蜂 ………… **59**
　　1. 分类地位 ………… 59
　　2. 形态特征 ………… 60
　　3. 为害发生情况 ………… 60
　　4. 防控措施 ………… 61
二十一、温室白粉虱 ………… **61**
　　1. 分类地位 ………… 61
　　2. 形态特征 ………… 62
　　3. 为害发生情况 ………… 63
　　4. 防控措施 ………… 64
二十二、烟粉虱 ………… **64**
　　1. 分类地位 ………… 64
　　2. 形态特征 ………… 65
　　3. 为害发生情况 ………… 65
　　4. 防控措施 ………… 66
二十三、西花蓟马 ………… **67**
　　1. 分类地位 ………… 67
　　2. 形态特征 ………… 67
　　3. 为害发生情况 ………… 67
　　4. 防控措施 ………… 68
二十四、二斑叶螨 ………… **69**
　　1. 分类地位 ………… 69
　　2. 形态特征 ………… 70
　　3. 为害发生情况 ………… 70
　　4. 防控措施 ………… 72

第三部分　潜在入侵病虫种类、发生及防治

二十五、番茄细菌性叶斑病菌…………… **73**
 1. 分类地位………… 73
 2. 病原特征及为害症状
 ………………………… 73
 3. 发生与分布……… 74
 4. 传播途径………… 74
 5. 发生流行规律…… 74
 6. 防控措施………… 75

二十六、辣椒细菌性斑点病菌…………… **75**
 1. 分类地位………… 75
 2. 病原特征及为害症状
 ………………………… 76
 3. 发生与分布……… 76
 4. 传播途径………… 77
 5. 发生流行规律…… 77
 6. 防控措施………… 77

二十七、黄瓜黑星病菌…… **77**
 1. 分类地位………… 77
 2. 病原特征及为害症状
 ………………………… 78
 3. 发生与分布……… 78
 4. 传播途径………… 79
 5. 发生流行规律…… 79
 6. 防控措施………… 79

二十八、草地贪夜蛾……… **80**
 1. 分类地位………… 80
 2. 形态特征………… 80
 3. 为害发生情况…… 81
 4. 防控措施………… 82

二十九、马铃薯块茎蛾…… **82**
 1. 分类地位………… 82
 2. 形态特征………… 83
 3. 为害发生情况…… 83
 4. 防控措施………… 83

三十、马铃薯甲虫………… **84**
 1. 分类地位………… 84
 2. 形态特征………… 85
 3. 为害发生情况…… 86
 4. 防控措施………… 87

三十一、马铃薯根腐线虫… **88**
 1. 分类地位………… 88
 2. 形态特征………… 88
 3. 为害发生情况…… 89
 4. 防控措施………… 89

第一部分
外来入侵病原种类、发生及防治

一、番茄褐色皱纹果病毒

1. 分类地位

病毒（Viruses）；核糖病毒域（Riboviria）、正核糖病毒界（Orthornavirae）、黄色病毒门（Kitrinoviricota）、α-病毒超群纲（Alsuviricetes）、马特利病毒目（Martellivirales）、帚状病毒科（Virgaviridae）、烟草花叶病毒属（*Tobamovirus*）。

2. 病原特征及为害症状

番茄褐色皱纹果病毒（Tomato brown rugose fruit virus，ToBRFV）是与烟草花叶病毒（TMV）和番茄花叶病毒（ToMV）亲缘关系较近的病原体。其主要寄主为番茄和椒类。番茄褐色皱纹果病毒能够突破目前所有市售番茄品种对烟草花叶病毒的抗性，导致这些品种普遍易感。该病毒可引起番茄嫩叶和顶芽出现花叶症状，果实上出现斑点和黄色斑块，严重时果实变褐，或萼片出现坏死条斑。叶片可能出现静脉变黄和花叶，花萼静脉早期褐变，严重时干枯。果实着色受影响，颜色变浅、变绿或出现黄色斑点，进而发展为褐色病变，导致产量减少和果实变形（图1）。

图 1　番茄褐色皱纹果病毒病症状

3. 发生与分布

已报道的番茄褐色皱纹果病毒发病的国家或地区（年份）有：约旦（2016）、以色列（2017）、墨西哥（2018）、美国（2018）、德国（2019）、意大利（2019）、巴勒斯坦（2019）、土耳其（2019）、中国（2019）、希腊（2020）、荷兰（2021）、西班牙（2020）、黎巴嫩（2021）、叙利亚（2021）、沙特阿拉伯（2022）、挪威（2022）、伊朗（2022）、阿尔巴尼亚（2022）、叙利亚（2022）、罗马尼亚（2022）和瑞士（2022）等。中国2019年首次在山东发现番茄褐色皱纹果病毒，随后，陕西、江苏、云南、河北、河南、安徽、广东、辽宁等地相继发现该病毒。

4. 传播途径

番茄褐色皱纹果病毒的传播途径多样且复杂，对农业生产有显著影响。首先，机械传播是番茄褐色皱纹果病毒短距离传播的主要方式，通过农业生产者的手、衣服、鞋子和工具等机械接触，在感染植株和健康植株间迅速传播。种子和果实作为病毒载体，在长距离传播中扮演着关键角色，尽管从受感染种子到幼苗的传毒效率相对较低，但这种传播方式仍可能导致病毒在同一地区内的进一步扩散。此外，番茄褐色皱纹果病毒在废水中已被检测到，暗示水体介质可能成为传播途径之一，尽管其在水中传播的效率和稳定性尚需进一步研究，因此使用再生水灌溉存在潜在风险。杂草，如龙葵等，也可能作为番茄褐色皱纹果病毒的寄主植物，从而加剧病毒在田间的传播。昆虫介体，如大黄蜂，虽然自身不被病毒感染，但能通过其身体表面携带将病毒机械性地传播给健康植株，加速病毒的扩散。跨国种子贸易则通过种子的进出口活动，加速了番茄褐色皱纹果病毒的远距离传播，这使加强进境检疫工作变得尤为重要。在温室等保护地栽培环境中，病毒常通过机械接触方式传播，包括育苗器材、植物病残体和循环水等媒介。因此，采取全面的防控措施以减少传播风险至关重要。

5. 发生流行规律

番茄褐色皱纹果病毒的发生及流行规律主要与其传播途径和环境条件密切相关。在温暖、湿润的环境中，番茄褐色皱纹果病毒更容易传播和流行。温室条件为病毒提供了理想的温度和湿度，使得即使只有少量感染植株也能迅速传播至整个温室范围。机械操作是病毒传播的重要因素之一，频繁的田间操作加剧了病毒的扩散速度。此外，种子带毒是长距离传播的主要方式之一，因此，在种子进出口的过程中，加强检疫措施显得尤为关键。番茄褐色皱纹果病毒具有高传染性，一旦进入种植区域，若不及时加以控制，可能会迅速在整个区域蔓延开来。由于病毒可以通过多种途径传播，包括机械接触、种子传播、昆虫介体传播以及可能的水体介质传播等。因此，防控工作需要全面考虑。同时，开放田地存在的杂草寄主，如龙葵，也可能为病毒提供额外的传播和保存途径，这也是防控工作中不容忽视的一环。

6. 防控措施

番茄褐色皱纹果病毒的防控措施应从加强检疫和田间管理两方面入手。强化检疫工作至关重要。番茄褐色皱纹果病毒表现出极高的稳定性，能够在传播介体昆虫上存活数月而不丧失活性。作为全球重要的番茄生产国之一，中国面临着番茄褐色皱纹果病毒对农业生产安全的严重威胁。

严格检疫：必须严格按照海关总署的相关规定及《国外引种检疫审批管理办法》，对国外引进的番茄种子进行严格检疫和引种管理，防止番茄褐色皱纹果病毒入侵，优先从那些声明未检测到番茄褐色皱纹果病毒的生产国或地区进口番茄种子。

培育和研发抗病毒品种：积极培育和研发抗病毒品种，是应对番茄褐色皱纹果病毒威胁的重要策略。

种子处理：种子灭毒处理也是有效的防控手段。采用 2.0% 盐酸浸种 30 分钟或 10.0% 磷酸三钠溶液浸种 3 小时的方法，可以有效灭活番茄褐色皱纹果病毒，防控效果显著，注意浸种后种子需要阴干再播种。

田间管理：在番茄生产过程中，加强田间管理，一旦发现疑似番茄褐色皱纹果病毒等病毒感染的植株，应及时清除并迅速销毁，以防止病毒进一步扩散。

同时，要确保种子无毒，定期进行土壤消毒；减少植株的不必要转移，以降低病毒传播的风险。在温室环境中，应限制非必要的人员进入，并要求工作人员穿戴防护服、防护鞋和一次性手套，同时养成勤洗手的良好习惯并进行消毒。此外，应替换或选择未接触过感病植株的授粉昆虫进行授粉，以避免病毒的交叉感染。

通过综合应用这些措施，可以有效控制番茄褐色皱纹果病毒的传播，保护农业生产和生态安全。

二、番茄黄化曲叶病毒

1. 分类地位

病毒（Viruses）；单链 DNA 病毒域（Monodnaviria）、德病毒界（Shotokuvirae）、Cressdnaviricota 门、复单病毒纲（Repensiviricetes）、Geplafuvirales 目、双生病毒科（Geminiviridae）、菜豆金色花叶病毒属（*Begomovirus*）。

2. 病原特征及为害症状

番茄黄化曲叶病毒（Tomato yellow leaf curl virus，TYLCV）该病毒在番茄整个生育期均有可能发生。在苗期染病，植株生长迟滞，表现出严重的矮化现象，节间缩短，叶片黄化、变小且变厚，叶边缘褶皱并向上卷曲。进入生长前期，如果植株染病，上部叶片和新芽出现黄绿不均的斑点，叶片变厚变硬，叶缘至叶脉区域黄化，而中下部叶片症状则不明显。此外，染病植株的开花会推迟或开花数量减少，严重时甚至无法正常开花结果。在生长中后期染病，整株植株黄化，坐果数量少，果实变小变硬，膨大速度慢，成熟果实甜度会降低，着色不均匀，口感变差，导致产量和商品价值均大幅度下降（图 2）。

3. 发生与分布

该病毒起源于中东地区和地中海盆地，是热带及亚热带地区最具毁灭性的一种番茄病毒病。大约在 2000 年，该病毒传入中国，最早在台湾地区被发现。随后，它迅速由南向北、由东向西扩散，因其流行性强、危害重、来势猛、传播快的特点，很快在全国范围内蔓延。

图 2　番茄黄化曲叶病毒病症状

4. 传播途径

该病毒主要通过烟粉虱传播。烟粉虱有多种生物型，其中 B 型和 Q 型烟粉虱繁殖速度快，适应能力强且传毒效率高，成为该病毒最主要的传播介体。一旦 B 型、Q 型烟粉虱获毒，可在体内终身存在。成虫能够在植株间、地块间迁飞，从而扩散并传播病毒；成虫及其所产的卵块也可随秧苗搬运向异地扩散传播病毒；然而，需要注意的是，虽然卵块随种子搬运，但种子本身并不直接传播病毒。此外，机械摩擦同样不传播该病毒，但嫁接操作可导致该病毒传播。

5. 发生流行规律

番茄黄化曲叶病毒是由烟粉虱传播的。一般植株在幼苗期即感染病毒，定植后 6～7 片真叶开始发病。我国的生产经验证明，育苗的时期与发病程度有很大关系：育苗时气温越低，发病越轻；反之，气温越高，发病越重。因此，在全年各个茬口中，秋大棚番茄的发病最为严重，春大棚番茄的发病最轻，日光温室越冬茬番茄的发病程度则因育苗时间不同而有所差异，9 月以前开始育苗的发病较重，9 月以后开始育苗的发病较轻。

6. 防控措施

番茄黄化曲叶病毒的防控需要采取一系列综合措施，以确保番茄种植的安全和产量。加强宣传和提高种植者的认知水平至关重要。通过科技交流、技术培训、现场观摩以及网络图文并茂的方式，广泛普及关于番茄黄化曲叶病毒及其主要传播媒介烟粉虱的为害症状、病情发展趋势及严重程度的信息，以增强种植者的防控意识，减轻病毒对生产的潜在危害。

选用抗病品种：结合当地气候环境选择适合的品种。

田间管理：加强温度与湿度调控，培育优质壮苗，避免棚内温度过高，高温加重烟粉虱繁殖速度和为害程度。

农业防治：清洁田园，及时清除田间杂草、老死病残植株枝叶，有效降低病毒传播的风险。移栽定植前彻底清理棚内外的杂草及残留植株，发现病株时立即拔除并销毁，防止病毒扩散。合理轮作，通过与非茄科作物（如黄瓜、西葫芦、豆角等）进行至少 3 年的轮作，避免连作或间套作，可以有效减少土壤中的病毒和残留物。

物理防治：安装防虫网，通过使用 60～80 目的防虫网，有效控制烟粉虱等传毒介体的进入。色板诱杀，每亩①悬挂黄色粘虫板30～40片，诱捕烟粉虱等传毒介体。同时套种如芹菜等对烟粉虱具有趋避作用的作物也是一个有效的策略。

生物防治：天敌防控，释放丽蚜小蜂、捕食性瓢虫等天敌，降低烟粉虱虫口密度。开展虫情监测，及时发现烟粉虱，发病初期，选用1%的香菇多糖水剂、5%的氨基酸寡糖素水剂或8%的宁南霉素可溶液剂等进行喷雾。

化学防治：在幼苗定植时，选用25%噻虫嗪水分散粒剂进行灌根处理，以增强植株的抗虫能力。此外，棚室内利用合适的熏烟剂进行防治，以进一步减少烟粉虱等害虫的数量。推荐吡虫啉等非禁限用药剂，需要交替使用以延缓抗性，减轻病害的发生。

通过采用这些综合措施，能够有效控制番茄黄化曲叶病毒的传播，保障农业生产的持续稳定和安全。

三、新德里番茄曲叶病毒

1. 分类地位

病毒（Viruses）；单链DNA病毒域（Monodnaviria）、德病毒界（Shotokuvirae）、Cressdnaviricota门、复单病毒纲（Repensiviricetes）、Geplafuvirales目、双生病毒科（Geminiviridae）、菜豆金色花叶病毒属（*Begomovirus*）。

2. 病原特征及为害症状

新德里番茄曲叶病毒（Tomato leaf curl new delhi virus，ToLCNDV）属于双生病毒科下的菜豆金色花叶病毒属，其病

---

① 1亩约为667平方米，全书同。

毒粒子为双分体，大小约为18纳米×30纳米。该病毒的基因组结构独特，由两条单链环状DNA分子构成，其中DNA-A的长度约为2739个核苷酸（nt），负责编码6个功能蛋白；而DNA-B的长度则约为2724个核苷酸（nt），负责编码2个功能蛋白。根据地域或寄主植物的不同，新德里番茄曲叶病毒的分离物在基因组大小上略有差异。

此外，新德里番茄曲叶病毒存在两个不同的株系：即新德里番茄曲叶病毒和ToLCNDV-Spain。这两种株系在基因组核苷酸序列上的相似性为91%～94%。

感染新德里番茄曲叶病毒的葫芦科植物会表现出现严重矮化现象，叶片会出现皱缩、表面凹凸不平、变小、黄化，及向下卷曲等症状，同时果实也会发生畸形。这些症状不仅极大地影响了瓜类作物的商品价值，还可能对科研、育种和种质资源保存工作构成威胁。据目前所知，该病毒能够感染的寄主植物种类多达44种，它们分布属于茄科、葫芦科、大戟科、锦葵科和豆科。在葫芦科植物中，受害的包括西瓜、甜瓜、黄瓜、苦瓜、瓠子和丝瓜等，而在茄科植物中，受害的则有番茄、马铃薯和茄子等（图3）。

图3 新德里番茄曲叶病毒病症状

3. 发生与分布

番茄新德里曲叶病毒最早于1948年在印度被首次发现，随后迅速在中东、远东、北非及欧洲等多个国家和地区广泛传播，这些国家包括巴基斯坦、印度、孟加拉国、伊朗、斯里兰卡、马来西亚、泰国、印度尼西亚、突尼斯、西班牙和意大利等，它们主要位于热带、亚热带或温带气候区域。

在中国，该病毒于2022年首次在浙江宁波、江苏南通和上海被检测到。由于该病毒由烟粉虱进行传播，而烟粉虱具有较强的迁飞传播能力，因此近年来该病毒已扩散至广东、山东、安徽、河南、甘肃、内蒙古等地，对瓜类作物的生产安全构成了严重威胁。

4. 传播途径

在自然条件下，番茄新德里曲叶病毒主要通过烟粉虱以非增殖的方式传播。烟粉虱获取病毒的时间至少需要30分钟，但也有报道指出，在某些情况下，这一过程可能只需15分钟即可完成。此外，病毒还可能通过某些植物种子进行传播。例如，西葫芦种子可以传播该病毒，而甜瓜种子虽然可以携带病毒，但传播病毒的能力尚未明确。同时，在佛手瓜、黄瓜和番茄等植物上也观察到了种子传播病毒的现象。这种传播能力的差异可能是由于病毒的不同株系和寄主植物的特性引起的，因此需要进一步通过检测和试验来验证。另外值得注意的是，该病毒通常不通过植物汁液进行传播，但某些病毒运动蛋白基因的氨基酸突变可能会使其获得通过汁液传播的能力。

5. 发生流行规律

一旦定植，新德里番茄曲叶病毒能够在植物或烟粉虱虫体内越冬。瓜类设施生产为该病毒和媒介昆虫的越冬提供了有利条件。在北方地区，由于春季气温较低，烟粉虱的发生相对较轻。然而，在华南地区，由于冬季气候温暖，烟粉虱在越冬后仍能保持高密度，因此在春季同样可能对瓜类作物构成严重威胁。

6. 防控措施

选育抗病品种：选育抗病品种也是长期防控新德里番茄曲叶病毒的有效策略之一。为此，需要筛选具有抗新德里番茄曲叶病毒特性的瓜类作物资源，并对生产中使用的商品品种进行田间抗病毒的评估，以降低种植风险。

农业防治：通过清洁田园来减少病毒的潜在宿主是至关重要的，及时清除田间杂草可以有效降低病毒传播的风险。

物理防治：一是使用80目的防虫网；二是使用黄色粘虫板；三是套种如芹菜等对烟粉虱具有趋避作用的作物。

药剂防治：在幼苗定植时，可以使用25%噻虫嗪水分散粒剂进行灌根处理，以增强植株的抗虫能力。此外，棚室内利用合适的熏烟剂进行防治，以进一步减少烟粉虱等害虫的数量。

尽管可以使用宁南霉素、辛菌胺·吗啉胍等药剂来延缓或减轻病害的发生，但这些药剂还不能完全控制病害的发生。

其他防控措施：参考番茄黄化曲叶病毒。

需结合多种措施进行综合治理，才能更有效地防控新德里番茄曲叶病毒的传播和为害。

四、黄瓜绿斑驳花叶病毒

1. 分类地位

病毒（Viruses）；核糖病毒域（Riboviria）、正核糖病毒界（Orthornavirae）、黄色病毒门（Kitrinoviricota）、α-病毒超群纲（Alsuviricetes）、马特利病毒目（Martellivirales）、帚状病毒

科（Virgaviridae）、烟草花叶病毒属（*Tobamovirus*）。

拉丁学名：*Cucumber green mottle mosaic virus*。

2. 病原特征及为害症状

葫芦科植物是黄瓜绿斑驳花叶病毒（Cucumber green mottle mosaic virus，CGMMV）的主要侵染寄主，感病后，会因不同寄主影响表现出不同的症状。在黄瓜感染黄瓜绿斑驳花叶病毒的初期，叶片上会逐渐出现黄色小斑点，这些斑点随后会发展成斑驳、花叶、浓绿色泡状突起，导致叶片畸形。此外，有时黄色小斑点沿叶脉扩展成星状，或脉间褪色，而叶脉则呈绿带状（图4）。黄瓜果实上的症状为银色或黄色斑块、条纹，部分

图4 黄瓜绿斑驳花叶病毒病症状

病果表面会呈现瘤状绿色的小凸起。

甜瓜在感染黄瓜绿斑驳花叶病毒后，新叶会逐渐出现黄斑，然而，随着叶片的逐渐老化，感染症状也会随之减轻；成株侧枝的叶片呈星状或不整形黄花叶，生长后期顶部叶片有时产生大型黄色轮斑。甜瓜幼果上有绿色花纹，后期则变为绿色斑。病叶呈现花叶状，有绿色突起，脉间黄化呈叶脉绿带状；植株上部叶片变小、黄化，而下部叶片边缘呈波浪状，叶脉皱缩，叶片畸形；未成熟的果实病症表现为轻微斑驳，成熟后果梗坏死，症状消失。

在其他葫芦科作物上，该病毒主要表现为花叶皱缩、畸形、局部坏死等症状。

3. 发生与分布

黄瓜绿斑驳花叶病于1935年首次在英国被发现，截至目前已传播至南美洲、欧洲、亚洲等20多个国家和地区。在我国，该病毒最先传入江苏，2012年6月查见首个黄瓜绿斑驳花叶病毒病疫点，目前在我国安徽、广东、湖北、湖南、辽宁、四川、海南等地都有发现。

4. 传播途径

种子传播：种子传播是目前黄瓜绿斑驳花叶病毒的主要传播途径之一。病毒粒子能稳定存在于种子的外部表皮、种皮及花粉中，通常通过携带病毒的花粉进行传播。有研究指出，携带黄瓜绿斑驳花叶病毒的花粉在授粉过程中会穿过花粉管进行受精，此后病毒在胚胎中扩增。随着种子的萌发，病毒能够通过维管束进一步扩散，最终侵染整个植株。此外还有研究表明，该病毒也能够通过感染胚珠传播到下代种子，如果该病毒仅侵入胚乳或种皮等胚外组织，则无法完成种间传播。

嫁接传播：在甜瓜、黄瓜、西瓜等葫芦科经济作物种植期间，为了避免土传病害，当前普遍采用抗病性较强的砧木苗进行嫁接栽培。然而，在西瓜嫁接过程中，可能通过带毒砧木（如瓠瓜）感染，因此需要从源头上进行防控。

媒介传播：有研究发现，黄瓜绿斑驳花叶病毒可通过菟丝子传播，也可通过黄瓜叶甲进行传播。但值得注意的是，一般的桃蚜、棉蚜等不能传播该病毒。

其他传播途径：鉴于黄瓜绿斑驳花叶病毒的传播特性，对种子消毒则能够有效预防该病害的发生。然而，在实际生产中，即使将消毒后的种子种植在曾经发病的地块上，该病害仍有可能发生。这表明该病毒除了种传以外，还存在其他传播途径，如通过土壤、水流等方式进行传播。

5. 发生流行规律

黄瓜绿斑驳花叶病毒会在多年生宿根植株和病株残余组织中越冬，并且种子也可能携带该病毒。此外，该病毒主要通过田间农事操作、昆虫媒介、汁液摩擦及种子等多种方式传播到植物上，进而对植物造成严重的危害。

黄瓜绿斑驳花叶病毒喜干旱、高温环境条件，其发病最适宜湿度为85%左右，最适温度为22～26℃。在植株的成株结果期，该病毒的症状表现最为明显。同时，在蓟马、温室白粉虱、蚜虫等传毒媒介昆虫大发生年份，黄瓜绿斑驳花叶病毒的发病率会显著上升，病情也会更加严重。

6. 防控措施

黄瓜绿斑驳花叶病毒的防控需要采用综合措施有效遏制其传播和为害。

培育抗病品种：抗病育种是长期有效的防控策略，通过种间杂交和基因标记等技术，育成抗病品种是切实可行的途径。例如，已有研究成功育成了抗病甜瓜品种，这为进一步推广应用奠定了良好的基础。

种子处理：研究表明，结合干热处理与药剂消毒的方法防治效果最佳，同时发芽率为85.2%。其他有效方法包括仅使用干热处理、温汤浸种结合药剂消毒等，但效果略逊于前者。选择合适的种子处理方法可以显著地降低病毒传播的风险。

农业防治：选择使用无侵染的种苗是最根本的防控措施。在农事操作中，应严格避免病毒通过器械等途径传播。加强栽培管理，及时发现并拔除和销毁受感染的植株，实施与非葫芦科作物轮作2年以上等措施。

生物防治：弱毒株系的交互保护试验以及生物提取物的应用都显示出一定的防治效果。例如，对多种蕨类植物提取液的研究表明，其对该病毒的体外抑制率可达到90%。

通过这些综合措施，可以有效控制黄瓜绿斑驳花叶病毒的传播，保护作物生产安全。

五、马铃薯纺锤块茎类病毒

1. 分类地位

病毒（Viruses）；马铃薯纺锤块茎类病毒科（Pospiviroidae）、马铃薯纺锤块茎类病毒属（*Pospiviroid*）。

2. 病原特征及为害症状

马铃薯纺锤块茎类病毒（Potato spindle tuber viroid，PSTVd）是一种具有侵染性、无外壳蛋白、高度碱基配对的棒状共价闭合环状单链 RNA 分子。其分子量只有 80000～90000 道尔顿。电子显微镜研究显示，马铃薯纺锤块茎类病毒的核酸由两条单链的 RNA 组成，一种呈线形，另一种呈环形，且两者分子量大小不同，线形分子的分子量是 110000 道尔顿，而环形的是 137000 道尔顿。马铃薯纺锤块茎类病毒的致死温度是 75～80℃，苯酚处理的病汁液 90～100℃，稀释终点 10^{-3}～10^{-2}，苯酚处理的为 10^{-4}～10^{-3}。用石炭酸处理的制备物致死温度是 90～100℃。在体外，该病毒的保毒期 3～5 天。目前，该病害自然状态下可侵染马铃薯、番茄、辣椒、茄子、鳄梨和甘薯等 18 种作物。马铃薯纺锤块茎类病毒侵染马铃薯后的症状与环境条件、病原的致病株系、侵染类型（初侵染、次侵染）以及马铃薯品种有关。轻者甚至不表现症状，重者接近绝产，并且随着侵染代数的增加症状逐年加重。一般来讲，该病害可引起植株矮化，叶片皱缩，马铃薯块茎畸形、变小，从而降低产量和商品薯率。在一些地区，感病的马铃薯品种减产幅度可达 80%（图 5）。

图 5　马铃薯纺锤块茎类病毒病症状

3. 发生与分布

马铃薯纺锤块茎类病毒于1922年在美国新墨西哥州被发现，其主要分布区域包括：北美洲的美国（堪萨斯州、缅因州、马里兰州、密歇根州、纽约州、威斯康星州）、加拿大（阿尔伯特省、哥伦比亚省、新布伦斯维克省、安大略省、爱德华王子岛省、魁北克省）；南美洲的阿根廷、乌拉圭、巴西、秘鲁、古巴；欧洲的俄罗斯、波兰、匈牙利、荷兰、法国、德国、捷克、斯洛伐克、土耳其、英国、瑞士、保加利亚的部分地区；非洲的南非和尼日利亚；大洋洲的澳大利亚（包括维多利亚州、新南威尔士州）；亚洲的阿富汗、日本、印度、中国。

4. 传播途径

种子传播：马铃薯纺锤块茎类病毒可以通过植物种子传播，其中番茄通过种子传播的概率为11%，而马铃薯的传播概率则高达33%~67%。马铃薯纺锤块茎类病毒可以通过花粉或者卵细胞传递给马铃薯实生种子，导致杂交后代容易携带马铃薯纺锤块茎类病毒，从而对马铃薯的杂交育种工作造成不利影响。

机械传播：马铃薯纺锤块茎类病毒易通过机械方式进行传播，其传播的效率与核酸的稳定性、核酸浓度以及接种源密切相关。切割种薯的刀具在病薯与健康种薯之间使用时，可以传播马铃薯纺锤块茎类病毒。此外，在田间耕作过程中，拖拉机轮胎擦伤感染马铃薯纺锤块茎类病毒植株后再接触健康植株，其传播效率高达80%~100%；在耕作和培土时，较大的植株更容易传播马铃薯纺锤块茎类病毒，而植株较小或者耕作较早时，传播效率则相对较低。通过根的接触在病健薯植株间传播马铃薯纺锤块茎类病毒的可能性较小，且将马铃薯纺锤块茎类病毒接种到番茄根部时并未成功侵染。然而，由于马铃薯纺锤块茎类病毒在水中可以存活 7 周，因此马铃薯纺锤块茎类病毒通过灌溉方式传播的可能性仍然存在。

介体传播：具有咀嚼式口器昆虫介体，如蚱蜢和甲虫也可以传播马铃薯纺锤块茎类病毒，但效率不高。目前尚不能确定具有刺吸式口器的昆虫是否能传播该病毒。某些昆虫，如绿盲蝽象和蝗虫属的一种，也被报道能够传播这种病毒，而蚜虫传播马铃薯纺锤块茎类病毒的情况虽有报道，但还需要进一步证实。

5. 发生流行规律

该病毒作为一种外来的、能够自主复制的小分子核酸，通过干扰寄主代谢而引发症状。因此，该病毒的流行具有以下特点：第一，易造成不显性感染；第二，从侵染到发病潜伏期较长；第三，该病毒具有极高稳定性且传染性强，极易通过机械方式传播，容易在大范围内流行；第四，不同株系之间存在干扰作用，即交叉保护作用；第五，该病毒 RNA 常与染色质结合，多分布于生长旺盛的分生组织中，造成系统侵染，进而引起流行。

6. 防控措施

马铃薯纺锤块茎类病毒的防控需要采取一系列预防措施，以降低其传播风险。

选择抗病品种：应选择经过政府检测符合标准的不带病毒的种薯，确保种植材料的卫生安全。在种植过程中，推荐种植整薯而非将其切成芽块，以减少通过机械方式传播病毒的风险。

种植管理：对于切刀和其他工具，建议使用 0.25% 次氯酸钠溶液或 1.0% 次氯酸钙溶液进行消毒，可以通过浸泡或冲洗的方式，确保工具在使用前处于清洁状态。在种植时，优先采用整薯（未切割的薯块）进行种植，并为较大的块茎提供足够的生长间距。若采用块茎单位的方法进行种薯田种植，虽然有助于病害的鉴定，但在切薯过程中需要格外注意，以防病毒传播。

田间管理：田间操作时，应特别注意避免工具与植株的直接接触，从而降低病毒传播的可能性。

通过这些综合防控措施，可以有效减少马铃薯纺锤块茎类病毒的传播，保障马铃薯种植的健康和产量。

六、玉米矮花叶病毒

1. 分类地位

病毒（Viruses）；核糖病毒域（Riboviria）、正核糖病毒界（Orthornavirae）、小核糖病毒门（Pisuviricota）、星状－马铃薯病毒纲（Stelpaviricetes）、马铃薯病毒目（Patatavirales）、马铃薯Y病毒科（Potyviridae）、马铃薯Y病毒属（*Potyvirus*）。

2. 病原特征及为害症状

玉米矮花叶病毒（Maize dwarf mosaic virus，MDMV），属马铃薯Y病毒组。该病毒粒体呈线状，大小750纳米×（12～15）纳米，在电镜下观察病组织切片有风轮状内含体。其体外保毒期为24小时，致死温度为55～60℃，稀释限点为1000～2000倍。病株组织中的病毒在超低温冰箱保存5年后仍具侵染能力。玉米在整个生育期都可能感染矮花叶病毒病，但以苗期侵染受害最为严重，一般发病于3～7片叶期，初期幼苗心叶基部细脉间出现许多椭圆形褪绿小点，随后沿叶脉扩展到全叶，导致叶色浓淡不均，叶肉失绿变黄，而叶脉仍保持绿色，形成黄绿相间的条纹。生长后期，病叶变成黄绿色或紫红色并最终干枯。发病重的病株，其苞叶、叶鞘、雄花穗有时也会出现褪绿斑，生长缓慢、茎秆纤细，根部不发达或萎缩，植株矮小，株高常不及健株的一半。多数病株提前枯死，不能抽穗或抽而不实，籽粒瘦小，从而影响种子的产量和质量。相比之下，玉米抽穗后发病受害较轻（图6）。

图 6　玉米矮花叶病毒病症状

3. 发生与分布

玉米矮花叶病毒病是一种世界性玉米病害，在美国、塞尔维亚、德国、巴基斯坦、伊拉克等17个国家普遍发生，对玉米生产造成严重影响。我国于1968年首次在河南新乡地区发现玉米矮花叶病毒，导致玉米损失达2500万千克。此后，该病逐步蔓延至北京、黑龙江、辽宁、内蒙古、天津、河北、山东等19个省、自治区和直辖市。玉米矮花叶病毒病具有暴发性、迁移性和间歇性三大明显特征，给玉米生产造成20%～80%的产量损失，已成为我国玉米生产的一大重要病害。

4. 传播途径

种子传播：染病的玉米种子带毒率高，致田间初侵染源基数增大，一般在0.05%左右。

介体传播：传毒昆虫与玉米矮花叶病毒病的发生与传播密切相关，带毒虫源数量多，易造成病害流行。主要的传毒昆虫包括蚜虫、蓟马、灰飞虱，其中蚜虫是最主要的介体，多达20多种。玉米矮花叶病毒主要借助带毒蚜虫在植株与植株之间、田块与田块之间扩散传播。在自然条件下，蚜虫迁飞到玉米田吸食叶片汁液，一次取食获毒后，能以非持久性方式传播病毒，也可以通过汁液摩擦传播，可持续传毒4~5天。病毒的潜育期为5~7天，在温度较高的情况下，3天即可显现症状。蚜虫大量繁殖后，会不断辗转迁徙为害，进一步加剧病害的流行。

5. 发生流行规律

暖冬条件非常有利于传毒昆虫，特别是蚜虫的安全越冬；春旱则有利于蚜虫繁殖，同时干旱导致玉米苗期生长缓慢，抗病力下降，弱苗数量增加，从而更容易感病。夏季干旱同样有利于蚜虫的繁殖和迁飞到玉米田吸食传毒。蚜虫大量繁殖后，会不断辗转为害。病毒通过蚜虫侵入玉米植株后，其潜育期随气温升高而缩短，导致病毒病发生严重。然而，在6—7月雨量充沛的月份，降水量对蚜虫繁殖为害有较大影响，不利于蚜虫的迁飞和传播，因此病害发生相对较轻。播种过早会使害虫更易越冬和繁殖，导致玉米易感病的苗期与蚜虫发生为害高峰期相吻合，从而扩大了病毒侵染的机会，使病毒病发病严重。玉米自交系通常不抗病，而杂交种相较于亲本自交系具有一定的抗病性。然而，当前生产中使用的许多品种基本上都不抗矮花叶病毒，且种植面积大，因此容易感染病毒病。

田间管理粗放，杂草丛生、荒草重的田块，为蚜虫和灰飞虱等提供了广阔的栖息场和丰富的食物来源，这也是病毒病易于发生的一个重要原因。此外，施肥比例不当，氮肥使用过多、有机肥用量减少，以及微肥锌、铁施用不足，导致土壤养分不均衡，进而降低了植株的抗病性，这也是玉米容易感病的一个重要原因。

6. 防控措施

选择抗病品种：因地制宜地选择抗病杂交种或品种，如丰单 1 号、中单 2 号、农大 3138 等，以提高玉米自身抗病能力。

农业防治：在田间管理中，尽早识别并拔除病株，能够有效减少病毒扩散。适期播种并及时中耕除草，以清除田间的传毒寄主，从而减轻病害的发生。

物理防治：在玉米田中挂黄板诱杀蚜虫，进一步降低传毒风险，从而减轻病害发生。

化学防治：在传毒蚜虫迁入玉米田的初期和盛期，应及时喷洒农药，如 10% 吡虫啉可湿性粉剂，以控制媒介昆虫的数量。

综合运用这些措施，可有效防控玉米矮花叶病毒的传播和为害。

七、李属坏死环斑病毒

1. 分类地位

病毒（Viruses）；核糖病毒域（Riboviria）、正核糖病毒界（Orthornavirae）、黄色病毒门（Kitrinoviricota）、α-病毒超群纲（Alsuviricetes）、马特利病毒目（Martellivirales）、雀麦花叶病毒科（Bromoviridae）、等轴不稳环斑病毒属（*Ilarvirus*）。

2. 病原特征及为害症状

李属坏死环斑病毒（Prunus necrotic ringspot virus，PNRSV）为等轴对称球状体，直径 23～27 纳米，无包膜。部分病毒粒体呈现为准等轴球状到短棒状（轴比为 1.01～1.5），而有些株系的病毒粒体呈明显的棒状（轴比大于2.2），棒状粒体长达70纳米，棒状粒体的存在与否及其比例因病毒株系而异。该病毒在磷钨酸中易降解，因此必须使用1%戊二醛进行固定。在桃树上，被李属坏死环斑病毒感染的植株，部分在春季幼叶上表现出褪绿环斑和坏死斑，但在夏季症状不易识别；有些植株在春季并无明显症状，而有些则表现为果实缝合线处出现小裂口。在樱桃树上，被感染的大樱桃在尚未完全展开的叶片上表现淡黄绿色至绿色环斑、褪绿斑或穿孔，穿孔孔洞边缘微微凸起。部分果树由于树势衰弱，主干或枝条会出现流胶现象。据调查，有的植株在春季并未发现明显的症状，仅个别叶背有耳突状凸起；在苹果树上，感染该病毒后，叶片上会形成斑驳型、花叶型、条斑型、环斑型和镶边型等不同症状。感病树体生长缓慢，叶提早脱落（图7）。

图7　李属坏死环斑病毒病症状

3. 发生与分布

李属坏死环斑病毒最早是在20世纪30年代在温带核果类果树栽培区被发现。随着国与国之间种苗调运的频繁交流，李属坏死环斑病毒病的分布范围逐渐扩大，现已遍布欧洲、亚洲、非洲、南美洲、北美洲及大洋洲的40多个国家和地区，包括但不限于如阿尔巴尼亚、意大利、约旦、黎巴嫩、马耳他、巴勒斯坦、西班牙、叙利亚、突尼斯、土耳其、捷克、美国、阿根廷、澳大利亚、新西兰等。桃树单独侵染时，植株的生长量会降低12.2%～32.8%，产量减少5.6%～77.0%。若与李矮缩病毒混合侵染，生长量和产量将分别减少49.5%和32.8%，感病果树的果实较小，果面出现木栓斑且易开裂，从而失去商品价值。在苗圃内，受李属坏死环斑病毒侵染的樱桃芽萌发率较对照低11.7%，芽接苗生长衰弱。

1996年，李属坏死环斑病毒首次在陕西、山东、辽宁三省被发现；2005年、2006年和2009年，北京怀柔、浙江丽水和海宁也相继发现该病。在10年生的樱桃树上单独侵染时，减产20%～30%；在10～20年生的樱桃树上单独侵染时，减产30%～50%；在桃树上单独侵染时，因品种不同，生长量减少12.2%～34.5%，产量降低5.6%～77.0%，且果实变小，缝合线处出现小裂口和木栓斑。

4. 传播途径

李属坏死环斑病毒传播途径主要分为远距离传播和近距离传播。远距离传播主要依赖于人为的苗木、种子调运，以及接穗、砧木的交流等。而近距离传播则可通过线虫、螨、菟丝子等介体生物，以及花粉、嫁接、剪枝等农事操作进行。

5. 发生流行规律

樱桃树一旦被李属坏死环斑病毒感染，其症状表现相对稳定，受环境影响较小。在一个生长季节中，病情的增长幅度不大，且年份间波动也较小，但病情会逐年稍有加重，呈现稳定增长的趋势。早春为病害症状始发期，随后病情快速增长，到果实成熟期达第一个发病高峰。随后，由于夏季气温偏高，病害的发生受到抑制，进入稳定期。至9月，病情又会出现一个小的高峰，之后趋于平稳。在相同的品种和管理条件下，平川地发病率高于坡塬地；在相同的品种和地理条件下，种植密度低、管理精细的果园发病轻于密度大、管理粗放的果园。此外，树龄越高，发病情况也越严重。

6. 防控措施

李属坏死环斑病毒的防控需要采用多种方法的综合管理策略，以有效预防和控制病毒的传播。

加强检疫：通过严格的检疫措施防止病虫害的引入和扩散。

抗病毒转基因技术：通过基因改良来提高植物对病毒的抵抗力，减少病害的发生。

农业防治：对感病的幼树和低效结果树，应当及时清除，以防止病毒在田间的扩散。对植株、空气和幼苗进行热处理或温汤浸渍，可有效杀死病毒，阻止其进一步传播。

化学防治：可以将药品直接加入无菌培养基中与试管苗共培养，或者喷施于果树的幼嫩部位，并需连续施用几次以增强防治效果。

利用杀虫剂阻断传播，可考虑使用75%螺虫乙酯·吡蚜酮或15%阿维菌素·螺虫乙酯，降低蚜虫传毒风险。

八、番茄细菌性溃疡病菌

1. 分类地位

细菌界（Bacteria）、放线菌门（Actinobacteria）、放线菌纲（Actinomycetia）、微球菌目（Micrococcales）、微杆菌科（Microbacteriaceae）、棒形杆菌属（*Clavibacter*）、密执安种（*Michiganense*）、密执安亚种（*Michiganense*）。

2. 病原特征及为害症状

病原菌为专性需氧细菌，棒杆状，无芽孢。细胞大小为（0.6～0.7）微米×（0.7～1.2）微米，通常以单个或成对方式存在。其代谢方式为碳水化合物氧化代谢，不具备分解脂质能力，硝酸盐还原反应阴性，脲酶反应也为阴性。此外，该病原菌明胶液化速度较慢，能水解七叶苷，但水解淀粉能力很弱或不水解。病菌生长缓慢，形成具光泽、圆形、边缘规则的黄色菌落，同时也存在粉红色、白色、红色及橙色的变异菌落（图8）。

病原菌是一种好气、不游动、革兰氏阳性、无孢子形成的弯曲形杆状细菌。其主要寄主是番茄，同时还会侵染辣椒、龙葵、烟草等47种茄科植物，但尚未发现侵染马铃薯的记录。从幼苗期至结果期，该病原菌均可引发病害，导致病株发生萎蔫和死亡，大田定植后常造成缺株断垄现象。病菌可通过维管束侵入果实，造成果实皱缩、畸形，并从外部侵染果实形成"鸟眼状"斑点，严重影响番茄的产量和质量，为害十分严重。

图8 番茄细菌性溃疡病症状

3. 发生与分布

该类病菌原产于美国密歇根州,目前分布于我国北京、河北、内蒙古、辽宁、吉林、新疆、山西、山东和上海等12个省(自治区、直辖市),56个县(市、区、旗)。

4. 传播途径

病原菌主要存在于土壤中的病残组织中,可存活2~3年。在田间或温室,病原菌通过水、培养料和修剪刀等工具进行传播。它们能够由植株的伤口、叶毛、根、气孔和其他自然孔口或幼嫩果实表面侵入植物组织。果实上的病斑则是通过风雨或喷灌时从病汁液上滴下的带菌水传播的。当花柄染病后,病菌经维管束进入果实的胚部,侵染种脐或种皮,导致种子内带菌,在病健果混合采收时,病菌黏附在种子上致使种子带菌,且种子内外层都可带菌。远距离传播则主要依靠带菌种子和病株。一些感病茄科杂草也是该病原菌的永久侵染源。

5. 发生流行规律

番茄溃疡病属于细菌病害，该病菌可通过气孔侵入植株，也可在虫害侵害造成损伤后趁虚而入引发病害。在湿度大且氮肥偏施的情况下，该病害的发病率较高。该病菌可通过气流、农耕操作和盛果器具等途径进行传播。在病残体和土壤中，该病菌可存活2～3年。

6. 防控措施

选用抗病品种：对番茄种子或幼苗严格检疫，杜绝病菌传入。

种子处理：一是温汤浸种，先将种子在凉水中浸泡10分钟，再放入55℃的温水中浸泡30分钟。二是干热处理，将充分干燥的种子放入70℃恒温箱中灭菌72小时。

田间管理：由于早上湿度大、露水多，因此不宜进行整枝、采摘等农事操作；加强水肥管理，禁大水漫灌，提倡膜下滴灌方式；推广平衡施肥技术，克服重氮、轻磷钾肥，重化肥、轻有机肥，以及忽视中微量元素的施肥方法；高温闷棚或土壤处理：病菌在53℃条件下，10分钟可以死亡，利用高温休棚季节，每亩使用碳酸氢铵50千克，撒施后浇水，并覆盖地膜数周，利用氨气和高温达到良好的杀菌效果。

农业防治：合理轮作，与非茄科作物如大蒜、葱、韭菜等进行轮作。通过深松土壤，加速附着在病残体上的病菌死亡。及时拔除病株，并将病残体进行焚烧或深埋处理。

生物防治：定植后，使用3%中生菌素600倍液或2%春雷霉素500倍液或100亿个芽孢/克枯草芽孢杆菌50～60

克/亩，每隔5～7天喷施1次，连续喷施3～4次。

化学防治：药剂可选择氢氧化铜、噻唑锌、喹啉铜等药剂进行防治。

九、瓜类果斑病菌

1. 分类地位

细菌界（Bacteria）、薄壁菌门（Phylum Gracilicutes）、假单胞菌科（Pseudomonaceae）、噬酸菌属（*Acidovorax*）。

拉丁学名：*Acidovorax avenae* subsp.*citrulli*。

2. 病原特征及为害症状

该病原细菌属革兰氏阴性菌，菌体形态为短杆状，大小为（0.2～0.8）微米×（1.0～5.0）微米，且极生单根鞭毛。在金氏B培养基和NA（营养琼脂）培养基上形成奶白色、不透明、突起的菌落。菌落呈圆形且表面光滑，边缘略有扇形扩展，中央部分突起，整体质地均匀。此外，该菌不产生色素及荧光，属rRNA组Ⅰ类群。在YDC（酵母粉葡萄糖氯霉素琼脂）培养基上，该菌形成的菌落为圆形、突起且呈黄褐色，在30℃下培养5天后，菌落直径可达3～4毫米。而在KB培养基上，该菌生长速度较慢，2天内只能观察到很少量的菌落，这些菌落不产生荧光，呈圆形、半透明、光滑且微突起，在30℃下培养5天后，菌落直径可达2～3毫米。

西瓜在子叶、真叶和果实上均可受感染而发病。在幼苗期，当子叶张开时若感染此病，病斑呈现为暗棕色，并沿着主脉逐渐发展为黑褐色坏死斑，随后，病菌会侵染真叶，此时在幼小的真叶上，病斑很小，呈暗棕色，周围有黄色晕圈，且通常沿叶脉发展。开花后14～21天的果实较易感染。果实上症状随西瓜品种不同而有所差异。典型的病症表现为：在西瓜果实朝上的表皮上，首先出现直径仅几毫米的水渍状小斑点，随后这些斑点会扩大成为不规则的、较大的橄榄色水渍状斑块。病斑边缘不规则，颜色加深，并不断扩展。7～10天内，这些病斑便会布满除接触地面部分以外的整个果面。发病初期，病变只局限在果皮，果肉组织仍然保持正常，但将严重影响西瓜的商品价值。早期形成的病斑老化后，表皮会出现皲裂，并常溢出黏稠、透明的琥珀色菌脓，导致果实迅速腐烂。值得注意的是，茎、叶柄和根部通常不受此病菌侵染。

厚皮甜瓜感病：该病菌可侵染子叶、真叶和果实，引起叶枯和瓜腐，而茎、叶柄和根部很少受到侵染。叶片上的症状与黄瓜细菌性角斑病在黄瓜叶片上的表现基本相似，但值得注意的是，该病菌还能侵染叶脉，并沿叶脉蔓延。当子叶发病时，病斑呈现为暗褐色，并沿主脉逐渐发展为黑褐色坏死斑。在真叶上，病斑呈圆形或多角形，颜色为暗褐色，周围有黄色晕圈，通常沿叶脉发展。在田间湿度大时，病斑背面可溢出白色菌脓，同时在叶基沿叶脉可见水浸状斑点。在果实朝上的表皮，首先出现水浸状墨绿色小斑点，这些斑点随后会逐渐变为褐色，并稍凹陷。发病初期，病变仅局限在果皮，果肉组织仍然正常，但已经严重影响瓜的商品价值。有些病斑周围具有水浸状晕圈，但斑点通常不扩大；而有些品种的果肉组织在病菌侵入后会呈现水浸状、褐腐或木栓化；还有的品种病斑只局限于表皮，在中后期条件适宜的情况下，病菌常随同腐生菌一起蔓延到果肉，导致果肉腐烂。病斑老化后，表皮出现皲裂，并常常溢出黏稠、透明的琥珀色菌脓。此外，真叶上的症状与霜霉病有些相似，病斑受叶脉限制呈深褐色水浸状角斑，在高湿条件下，可见病原细菌分泌出的乳白色菌脓的痕迹（图9）。

第一部分 外来入侵病原种类、发生及防治

图9 瓜类果斑病症状

3. 发生与分布

瓜类果斑病菌广泛分布于北美洲，在欧洲发生的国家包括：丹麦、芬兰、德国、挪威、波兰、瑞典等。在亚洲，日本和韩国也有分布。在国内，该病菌主要发生在内蒙古、吉林、黑龙江及上海等15个省（自治区、直辖市），83个县（市、区、旗）。

4. 传播途径

主要在种子和土壤表面的病残体上越冬，成为第二年的初侵染源。田间的自生瓜苗、野生南瓜等植物也是该病菌的宿主，同样也能作为初侵染源。该病菌主要通过伤口和气孔侵染。病害的远距离传播主要依靠带菌种子，其中种子表面和种胚均可

携带病菌。病斑上产生的菌脓则可借雨水、风、昆虫及农事操作等途径进行传播，从而导致多次再侵染发生。

5. 发生流行规律

该病菌在温暖潮湿的环境中易暴发流行，特别是炎热季节伴随暴风雨的条件，这种环境有利于病原菌的繁殖和传播，导致病害发生严重。地势低洼、排水不良、连作、种植过密、管理粗放以及虫害发生严重的地块发病较重。

在气温高且下午出现雷阵雨的天气里，叶片和果实上的病害症状发展、蔓延速度最快。当环境条件适宜时，田地中的几个侵染点可以最终导致收获期的100%果实染病。然而，在凉爽、阴雨气候条件下，病害一般不会明显发展，叶部发病症状也通常不明显，这使得种植者难以识别。大风、大雨、大雾及结露等天气条件都容易造成田间病害大流行，一旦田间最初有10%的植株发病，其菌量就足够使整块田发病。

6. 防控措施

种子处理：播前进行种子处理，可以有效降低种子带菌率。常用处理方法包括用1%盐酸漂洗种子15分钟，或用15%过氧乙酸200倍液浸种30分钟，或用30%过氧化氢（双氧水）100倍液浸种30分钟。种子阴干后再进行播种。

苗床消毒：育苗应选择通风干燥的场地，播种前可进行土壤消毒。此外，不同田块劳作时，应做好操作人员和工具的消毒工作，以防交叉感染。

农业防治：合理轮作，与非葫芦科作物实行3年以上轮作制度。选择无病留种田，即选择无瓜类果斑病发生的地区作为制种基地，并采取严格隔离措施，以防止病原菌感染种子。加强田间管理，避免种植过密导致植株徒长，合理整枝以减少伤口；平整地势，改善田间灌溉系统，做到合理灌溉并及时排除田间积水。彻底清除田间杂草，及时清除病株及疑似病株并销毁深埋。尽量选择植株上露水已干且天气干燥时进行田间农事操作，以减少病原菌的人为传播。

生物防治：可选用中生菌素等生物制剂进行防治。

化学防治：瓜类果斑病可选用氢氧化铜、春雷·王铜等药剂进行预防和治疗。

十、辣椒细菌性叶斑病菌

1. 分类地位

细菌界（Bacteria）、变形菌门（Proteobacteria）、γ-变形菌纲（Gammaproteobacteria）、假单胞菌目（Pseudomonadales）、假单胞菌科（Pseudomonadaceae）、假单胞菌属（*Pseudomonas*）、丁香假单胞杆菌适合致病型（*Pseudomonas syringae* pv. *aptata*）。

拉丁学名：*Pseudomonas syringae* pv. *aptata* Young. Dye & Wilkie。

2. 病原特征及为害症状

辣椒细菌性叶斑病病原为丁香假单胞杆菌适合致病型，属细菌类。菌体呈短杆状，两端钝圆，大小为（0.8～2.3）微米×（0.5～0.6）微米，具1～3根单极生或双极生鞭毛，鞭毛长3～10微米。在琼脂培养基上，菌落呈圆形，灰白色，并能产生绿色荧光色素。该菌革兰氏染色呈阴性，并能产生荚膜。病菌发育适温25～28℃，最高温度为35℃，最低温度为5℃。当温湿度条件适合时，病株会大批出现并迅速蔓延；若条件不适宜，则很难发现病株，该病表现为非连续性为害。

在田间，该病以点片状发生，主要为害叶片。该病扩展速度很快，一株植物上可能只有个别叶片或多数叶片发病，但植株仍能保持生长。然而，在严重的情况下，叶片会大量脱落。该病多在成株期发生，主要为害叶片、茎和果实。叶片发病时，初期出现水浸状、黄绿色小斑点，逐渐扩大成大小不等的圆形或不规则形病斑。病斑边缘呈褐色，稍隆起，中部为浅褐色，稍凹陷，表面粗糙。病斑多时可融合成大面积病斑，引起叶片脱落。重病株叶片几乎落光，仅剩枝梢几片小叶，对产量造成很大影响。茎部发病时，病斑呈不规则条斑或斑块，后期木栓化或纵裂为疮痂状。果实发病时，出现圆形或不规则疱疹状黑褐色病斑。后病斑呈疮痂状，边缘有裂口，并有水浸状晕环，湿度大时有少许菌脓溢出（图10）。

图10　辣椒细菌性叶斑病症状

3. 发生与分布

辣椒细菌性叶斑病在全球辣椒种植区域广泛分布。在美洲、欧洲的辣椒种植区，该病时有发生。在亚洲，中国、印度、越南等辣椒主产国也均有该病发生。在国内，广东、福建、山东、河北等省份的辣椒产区普遍存在该病。

4. 传播途径

病菌可在种子及病残体上越冬。在田间,该病主要借助风雨及灌溉水进行传播,其次借助小昆虫活动或农事操作进行传播,病菌从叶片伤口处侵入。而远距离传播则主要通过带菌种子实现。

5. 发生流行规律

借风雨或灌溉水传播,从叶片伤口处侵入。与甜辣椒、甜菜、白菜等十字花科蔬菜连作地发病重,雨后易见该病扩展。东北及华北通常6月始发,7—8月高温多雨季节蔓延快,9月后气温降低,扩展缓慢或停止。

6. 防控措施

辣椒细菌性叶斑病的防控措施如下。

种子处理:在播种前,用0.3%比例的50%琥胶肥酸铜或敌克松可湿性粉剂拌种,或用1%盐酸溶液浸种2～3小时清洗催芽播种。

田间管理:北方宜采用垄作,南方则采用高厢深沟的栽植方式,并注意雨后及时排水,避免积水和大水漫灌。收获后要及时清除病残体或进行深翻,以清洁田园。

农业防治:合理轮作,建议与非辣椒、甜椒及十字花科蔬菜实行2～3年的轮作,以减少病原菌的积累。

化学防治:在发病初期开始喷洒50%琥胶肥酸铜或其他适合的药剂,按照推荐的稀释比例进行喷洒,并每隔7～10天喷洒一次,连续进行2～3次以有效控制病害的蔓延。

十一、马铃薯晚疫病菌

1. 分类地位

真菌界（Eumycetes）、卵菌门（Oomycetes）、霜霉目（Peronosporales）、霜霉科（Peronospora-ceae）、疫霉属（*Phytophthora*）。

拉丁学名：*Phytophthora infestans*。

2. 病原特征及为害症状

马铃薯晚疫病菌主要寄主是马铃薯、茄和其他茄属植物，人工接种条件下也能侵染番茄，是一种维管束病害，主要分布在夏季较凉爽的地区。病菌在生长季节后期和结薯期侵染叶片，并在薯块的维管束组织周围产生奶油黄色或浅褐色腐烂，形成一个崩解组织圈，用力挤压剖开的薯块时，会在皮层与髓部之间产生一个裂缝。病菌通过匍匐茎进行侵染，早期若在薯块末端侧面进行横切，可以观察到沿着靠近匍匐茎的维管束组织，存在一个透明状至乳白色的黄色区域。这个黄色至浅褐色区域能扩展至整个维管束组织。在发病后期，这个维管束和变色区域会变软（图11）。

3. 发生与分布

该病菌广泛分布于北美洲；欧洲发生的国家有丹麦、芬兰、德国、挪威、波兰、瑞典等；亚洲有中国、日本和韩国。国内主要发生在华北地区。

图11 马铃薯晚疫病症状

4. 传播途径

病菌主要通过病薯块污染切刀和包装传播。同时，一些昆虫（如叶蝉、蚜虫和马铃薯甲虫）也能携带并传播病菌。在种薯切片的地区，切刀是病菌传播的主要途径。种植病薯后，病菌迅速繁殖，并沿着维管束侵入植株的茎部和叶柄，随后侵入根部和新薯中。这个过程有时在种植后仅8周就可完成，而新薯又可作为再次侵染的来源。

5. 发生流行规律

气候因素：马铃薯晚疫病的发生和流行与温湿度关系密切，其中湿度起决定性作用。在早晚雾浓露重或阴雨连绵的天气（相对湿度在80%以上）条件下，最易引发马铃薯晚疫病，且病害发展速度极快，一旦中心病株出现，大约2周就可以蔓延到全田。

品种因素：品种的抗病性决定病害流行程度。在感病品种上，病菌产生的孢子囊数量大，发病时间早，蔓延传播速度快，易暴发成灾。一般早熟品种不抗病，晚熟品种较抗病。

栽培因素：地势低洼、排水不良的地块发病重，种植密度大，偏施氮肥，容易形成湿度大的小气候，有利于病害的发生。土壤贫瘠或黏重的地块植株生长势弱，利于发病，连作田也会加重病害的发生。

6. 防控措施

马铃薯晚疫病是一种影响产量的重要病害，为了有效防控这一病害，采取综合措施是至关重要的。

选择抗病品种：尽管其抗性可能会随着时间的推移而减弱，因此需要不断地进行品种的筛选和更新，以保持对病害的抵抗力。选用无病种薯，并在留种过程中严格剔除任何病薯。有条件的地区应建立无病留种地，以确保种薯的健康。

田间管理：选择土壤疏松、排水良好的地块种植马铃薯，以促进植株的健康生长。

农业防治：在生长期间，尤其是开花前后，需加强田间的监测，一旦发现病株，应立即拔除并进行深埋或焚烧处理，以防病菌扩散。同时，合理轮作也非常重要，建议在3年以上未种植过马铃薯的田块进行种植，避免与茄科和十字花科作物连作，特别是与番茄的连作。

化学防治：在发病初期喷洒适当的化学药剂，如甲霜灵锰锌、杀毒矾等，并且建议交替使用不同类型的药剂以防止病菌产生抗药性。在晚疫病发生初期喷洒第一次药剂后，根据具体情况每7～10天再喷洒一次，连续进行两次，以全面抑制病害的扩散。

十二、小麦网腥黑穗病菌

1. 分类地位

真菌界（Eumycetes）、担子菌亚门（Basidiomycotina）、冬孢菌纲（Teliomycetes）、黑粉菌目（Ustilaginales）、腥黑粉菌科（Tilletiaceae）、腥黑粉菌属（*Tilletia*）。

拉丁学名：*Tilletia caries*。

其他中文名：小麦网腥黑粉菌。

2. 病原特征及为害症状

该病菌厚垣孢子的表面有网状花纹。在冬孢子萌发时，会产生不分隔的管状担子，担子顶端会形成细长且线形担孢子。担孢子数目为4～20个，不同性别的单核担孢子常呈"H"形结合，进而形成双核体。该病菌主要为害小麦的穗部，导致发病植株严重矮化，株高一般只有健株的一半以下，个别小蘖感病后紧贴地面，高度甚至不足15厘米。此外，病株的分蘖会增加，一般比健株增加50%以上。病穗比正常健穗宽且长，颜色深，初为灰绿，后为灰黄（图12）。小穗排列紧密，穗部呈现扭曲状态，颖壳麦芒向外张开，露出部分病粒。病粒较健粒短

图12 小麦网腥黑穗病症状

粗，后期会变为灰黑色，并被一层灰薄膜包裹，内部则充满了黑色粉末。

3. 发生与分布

该病害是一种世界性病害，在我国各地均有发生，尤其在华北、华东、西南的部分冬麦区以及东北、西北、内蒙古的春麦区发生较为严重。

4. 传播途径

小麦网腥黑穗病是一种在苗期侵染的单循环系统侵染病害，小麦播种后发芽时，厚垣孢子也开始萌发，但它们通过从芽鞘侵入麦苗并到达生长点。病菌在小麦植株体内以菌丝体形态随着麦株的生长而生长，随后侵入开始分化的幼穗，破坏穗部的正常发育。至抽穗时，病菌在麦粒内又形成厚垣孢子。该病的病原传播主要以种子带菌传播为主，而粪肥、土壤、工具带菌传播则起到辅助作用。

5. 发生流行规律

病菌的流行与温度和湿度密切相关。适宜的流行温度范围为 $2 \sim 15℃$，最适温度为 $5 \sim 20℃$。在湿度方面，湿润土壤有利于孢子萌发和侵染。此外，播种较深不利于麦苗出土，从而增加病菌的侵染机会，加重病害的发生。

6. 防控措施

小麦网腥黑穗病菌的防控需要采取综合措施来有效地减少其对小麦产量的影响。

加强检疫：严格进行产地检疫，禁止未经检疫的带病种子流入未发生病害的地区。同时对来自疫区的农业机械进行严格消毒，以防止病菌的传播。

种植抗病品种：需加强抗病品种的筛选和推广，利用小麦对网腥黑穗病和光腥黑穗病具有相同抗病基因的特点，种植适宜的抗病品种。

种子处理：在常年发病严重的地区，种子处理尤为重要。使用适当的药剂，如戊唑醇、三唑醇、福美双等进行拌种和闷种，能够有效防止病菌感染。

田间管理：合理的栽培措施也能有效减少病害的发生。比如，控制播种时间和深度，避免春麦播种过早和冬麦播种过迟。同时，施用硫酸铵等速效化肥以促进幼苗快速出土，减少病菌感染的机会。

农业防治：非寄主作物轮作 3～5 年及病田单收单打等农业措施。对于以粪肥传播为主的地区，还需要处理带菌粪肥。提倡使用腐熟的有机肥，并通过加入油粕等物质堆积处理以杀死病菌。

化学防治：目前无明确登记药剂用于防控该病菌，可以参考小麦矮腥黑穗病用药，采用药剂拌种，土壤化学消毒。

第二部分
外来入侵虫害种类、发生及防治

十三、四纹豆象

1. 分类地位

动物界（Animalia）、节肢动物门（Arthropod）、昆虫纲（Insecta）、鞘翅目（Coleoptera）、豆象科（Bruchidae）、豆象属（Bruchus）。

拉丁学名：Callosobruchus maculatus。

2. 形态特征

成虫：四纹豆象体长2.5～4.0毫米，呈卵形（图13）。触角11节，略呈锯齿状，雌雄触角无甚区别，着生复眼凹缘口，触角第一到第五节为黄褐色，其余部分为黑色，或全部黄褐色，由第4节向后呈锯齿状。前胸背板圆锥形，呈褐色，散布有稀疏的刻点，并疏生金黄色毛。后缘中央的瘤状隆起上密生白毛。小盾片方形，其上密生白毛。鞘翅长度略大于其宽度，肩胛明显，具有10条刻点行，刻点较粗深而明显。鞘翅底色为黄褐色，一般在鞘翅上有4个黑斑纹，其中两个在中间较大，两个在端部，有时肩部还有两个小斑。有的雄虫鞘翅上无斑纹。臀板较细长，倾斜，侧缘呈圆弧形，露于鞘翅外。后足腿节腹面有两个隆脊，近端各有一齿，外缘齿突大而钝，内缘齿突小而尖。成虫因生活环境不同，有两型：在田间生活为害的呈活动型（飞翔型），在仓库内生活为害的呈一般型（非飞翔型）。两型的色泽和鞘翅斑纹等均有差异。

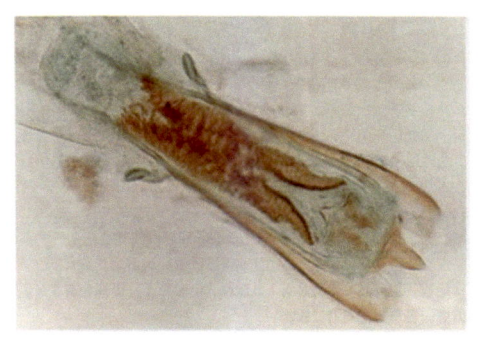

图13　四纹豆象

卵：椭圆形，扁平，长0.4～0.8毫米，呈乳白色。

若虫：末龄幼虫体长3.0～4.6毫米，体色为淡黄白色，身体肥胖弯曲呈"C"形。头部除黑色上颚外，其余均为白色。额中间两侧各有一近于白色的圆点。下唇片两条强骨化臂平直，两臂基部外侧各有一清晰的白色圆斑。前胸有一对薄的淡黄色背板盾。腹部由10节组成。气门颇小，呈环状，微骨化。足3节，无爪，呈退化状。

蛹：长3.2～5.0毫米，呈椭圆形，乳白色或淡黄色，体背有细毛。头部弯向胸部，口器在前胸基节间。触角弯向第一、第二对胸足后面，伸达鞘翅的3/4处。后足跗节露出鞘翅，直达腹部末节基部。

3. 为害发生情况

原产地在东半球的热带或亚热带地区，但最早在美国发现。中国分布现状：该物种最早在台湾被发现，随后在广东、福建、云南、湖南、江西、山东、河南、天津、浙江、湖北、广西等地相继发现。不过，目前，国内这些地区的基本已经得到了控制并趋于消灭。

其主要通过被害种子的调运，藏匿于包装物、交通工具的缝隙处进行远距离传播。此外，通过成虫飞翔、搬运货物或工具也可导致近距离传播。为害多种豆类植物，如木豆、鹰嘴豆、扁豆、大豆、金甲豆、绿豆、豇豆等。在广西地区，其严重为害绿豆、扁豆、蚕豆、豇豆，一般虫蛀率都在20%～30%，甚至80%以上，造成经济损失严重。

4. 防控措施

四纹豆象的防控需要采取多种措施来有效管理。

加强检疫：实施严格的检疫措施是关键。在种子调运时严格执行检疫制度，防止虫害的传播和蔓延。在禁止从疫情发生区调运豆类种子的情况下，若确需调运，应由检疫部门进行全面检查，以确保豆类没有受到四纹豆象侵害。此外，须定期检查进口豆类的储藏仓库，以及时发现和消除该虫的潜在威胁。对于进口的种用豆类，在田间播种前须确认未受虫害侵染。

生物防治：可借鉴使用花生油均匀拌入小豆中，可以防止四纹豆象的为害（国外有报道）。

化学防治：在药剂熏蒸方面，可以使用56%磷化铝，每200千克豆类使用3.3克，密闭熏蒸3天后，再晾4天，以达到灭虫的效果。在田间，应适时适量地喷洒杀虫剂，以防止其对作物的为害。

十四、番茄潜叶蛾

1. 分类地位

动物界（Animalia）、节肢动物门（Arthropod）、昆虫纲（Insecta）、鳞翅目（Lepidoptera）、麦蛾科（Gelechiida）。

拉丁学名：*Tuta absoluta*。

其他中文名：南美番茄潜叶蛾、番茄潜麦蛾、番茄麦蛾。

2. 形态特征

成虫：体长6～7毫米，翅展8～10毫米，体色为浅灰色或灰褐色，鳞片呈银灰色；触角是丝状；前翅呈灰色或深灰色，具有明显的黑色斑点和条纹；后翅呈灰白色；下唇须发达，向上弯翘；足细长；触角、下唇须和足均具有灰褐相间的条纹。

卵：单产，长0.3～0.4毫米，呈圆筒状，初产时为淡黄色，孵化前变为灰黑色。

幼虫：具有4个龄期。1龄幼虫体色为奶白色或淡黄白色，头部为淡棕黄色，体长0.4～0.6毫米；2龄幼虫体色为淡绿色或淡黄白色；3～4龄幼虫为绿色，偶见背部呈现淡粉红色（依取食的寄主部位及发生时期而变化），头部和前胸背板呈棕黄色，后缘可见棕褐色斑纹。

蛹：呈圆筒状，长约5毫米，初期呈现绿色，羽化前颜色变为黄褐色，常覆盖白色丝茧。

3. 为害发生情况

物种分布：该物种原产于南美洲，我国于2017年首次在新疆伊犁发现其踪迹，截至目前，它已在新疆、云南、贵州、四川、广西、重庆、湖南、江西、内蒙古等地发生。

主要为害：其主要在幼虫时期进行为害，主要为害茄科植物如番茄、茄子、辣椒等。雌成虫会选择在植株刚刚展开的叶片上产卵，幼虫在刚孵化时就潜入寄主植物组织中取食为害，并在叶片上形成细小的潜道，隐蔽性极强。当幼虫达到3～4龄时，潜食后在叶片上留下黑色粪便，并在表皮形成类似窗纸形状的痕迹，导致植物光合作用受阻，严重时可致叶片皱缩、干枯、脱落。此外，苗期为害，可啃食掉植株生长点，造成植株生长停滞。幼虫还会潜蛀嫩茎，多形成皲裂现象，影响植株整体发育，并可能引发幼茎坏死（图14）。当它们蛀食果实时，会使果实变小、畸形，并留下圆形孔洞，导致果实腐烂和大量脱落，从而造成严重减产。

图14　番茄潜叶蛾的为害症状

4. 防控措施

防控番茄潜叶蛾需要采取综合措施。

农业防治：包括合理轮作，特别是与非茄科植物或水稻进行轮作；使用清洁无虫的番茄苗，并在育苗阶段采用防虫网进行保护；及时清洁田园，清除作物残株和杂草，以减少病虫源；同时，可通过低温冻棚或高温闷棚的方式，降低虫口密度。

物理防治：一是在育苗和生产棚室入口处安装防虫网，以防止成虫迁入，并在植株间设置杀虫灯，利用灯光诱杀成虫。二是利用交配干扰或性诱捕杀，通过放置迷向丝、迷向管或安装性诱捕器，可以有效减少成虫交配和产卵的机会。

生物防治：保护和利用自然天敌，可以通过种植蜜源植物来吸引天敌，并在成虫阶段释放寄生性或捕食性天敌昆虫，以抑制番茄潜叶蛾的繁殖。

药剂防治：科学用药也是防控番茄潜叶蛾的重要手段。在成虫数量增加的高峰期，及时喷洒适当的杀虫剂，如苏云金杆菌、乙基多杀菌素等。同时，注意轮换使用不同的药剂，以避免产生抗药性。在用药过程中，严格遵守药剂的安全间隔期，确保用药安全。

十五、苹果蠹蛾

1. 分类地位

动物界（Animalia）、节肢动物门（Arthropod）、昆虫纲（Insecta）、鳞翅目（Lepidoptera）、卷蛾科（Tortricidae）、小卷蛾亚科（Olethreutinae）、小卷蛾属（*Cydia*）。

拉丁学名：*Cydia pomonella*。

2. 形态特征

成虫：体长约为 8 毫米，翅展为 15～22 毫米，体色为灰褐色。前翅臀角处有深褐色椭圆形大斑，斑内嵌有 3 条青铜色条纹，其间显出 4～5 条褐色横纹，翅基部颜色较浅，为浅灰色，中部颜色最浅，杂有波状纹。后翅呈黄褐色，前缘呈现出弧形的突出。

幼虫：初龄幼虫体色为黄白色，老熟幼虫体长为 14～18 毫米，头部为黄褐色，体部多为淡红色。

蛹：体色为黄褐色，体长为 7～10 毫米，复眼为黑色。

卵：扁平椭圆形，长度为 1.1～1.2 毫米。初产时，卵像一滴极薄的蜡滴，呈现半透明状，随着胚胎发育，卵的中央部分呈黄色，并在孵化前能透见幼虫。

3. 为害发生情况

物种分布：该物种原产于欧亚大陆南部地区，目前已广泛扩散至全球除南极洲以外的六大洲的 70 个国家。在 20 世纪 50 年代前后，其经由中亚地区传入我国新疆。目前，在我国天津、河北、内蒙古、辽宁、吉林、黑龙江、甘肃等 9 个省（自治区、直辖市）的 194 个县（区、市）有分布。

主要为害：其主要以幼虫钻蛀果实内部取食为害，寄主包括苹果、梨等仁果类，以及杏、李、桃、油桃和樱桃等核果类水果。幼虫早期蛀入果实会导致幼果脱落，幼虫蛀入后深达果心，食害种子。随着虫龄增长，蛀孔不断扩大，虫粪被排出果外，并成串挂至果上。被害果实不仅无法食用，还极易落果，导致果实品质大幅下降（图 15）。

第二部分 外来入侵虫害种类、发生及防治

图 15 苹果蠹蛾为害症状

4. 防控措施

农业防治：

一是清洁果园。及时摘除树上的虫蛀果，并收集地面上的落果，集中堆放并进行深埋处理。同时，清理果园中的废弃纸箱、废木堆、杂草、灌木丛等，这些可能为苹果蠹蛾提供越夏越冬场所的材料和设施应一并清除。

二是刮老翘皮。在冬季果树休眠期及早春发芽之前，刮除果树主干和主枝上的粗皮、翘皮，以消灭潜藏在其中的越冬虫体。

物理防治：

一是杀虫灯捕杀。在 4 月下旬至 9 月下旬，使用杀虫灯捕杀成虫，每 25 ~ 30 亩放置一盏杀虫灯，以提高捕杀效率。

二是束草、布环诱集。每年 6 月中旬，用粗麻布在果树的主干及主要分枝处绑缚宽 15 ~ 20 厘米的布环，以诱集苹果蠹蛾老熟幼虫，然后于果实采收之后取下集中烧毁处理。

生物防治：在低密度种群时，开展性诱剂诱捕，使用性诱剂诱芯能有效控制苹果蠹蛾。

化学防治：

在苹果蠹蛾成虫产卵高峰或幼虫孵化高峰期，喷施高效低毒的化学农药。药剂防治在防治适期每年进行 2 次施药，以防治虫卵和初孵幼虫。防治药剂可选用高效氯氰菊酯、溴氰菊酯、氯虫苯甲酰胺、苹果蠹蛾性信息素、高效氯氟氰菊酯等。

十六、苹小食心虫

1. 分类地位

动物界（Animalia）、节肢动物门（Arthropod）、昆虫纲（Insecta）、鳞翅目（Lepidoptera）、卷蛾科（Tortricidae）、小食心虫属（*Grapholita*）。

拉丁学名：*Grapholitha inopinata*。

2. 形态特征

成虫：体长为 4.5～5.0 毫米，翅展为 10～11 毫米。雌雄成虫形态差异极小。体色为暗褐色，可见紫色光泽，头部鳞片呈灰色，触角背面暗褐色，每节端部为白色；唇须为灰色，略微向上弯曲。前翅前部边缘具有 7～9 组大小不等的白色弯钩状纹路，翅面上有许多白色鳞片形成的白色斑点，近外缘处的白色斑点排列得较为整齐。外缘呈明显的斜走趋势，静止时两前翅合拢后外缘夹角约 90°。肛上纹不明显，有四块黑色斑点，顶角处可见一较大的黑斑，缘毛为灰褐色。后翅的颜色比前翅浅，腹部和足则呈现浅灰褐色。

卵：形状为扁椭圆形，中央隆起，周缘扁平，表面有明显的不规则的细小皱纹。初产时乳白色，随后变为淡黄色，半透明且具有光泽，接近孵化时变为淡黄褐色。

若虫：老熟时体长 6.5～9.0 毫米，全体非骨化区为淡黄或淡红色。头部为淡黄褐色，前胸盾也为淡黄褐色，前胸侧毛组有 3 根毛；各体节背面有两条桃红色横纹，前面一条较粗大，后面一条较细小。臀板为淡褐色，具有不规则的深色斑纹，臀棘为深褐色，有 4～6 齿，腹足趾钩为单序环，数量在 15～34 个不等，大多 25 个，臀足趾钩数量为 10～29 个，多为 15～20 个。

蛹：体长 4.5～5.6 毫米，颜色为黄褐色或黄色，第 1 腹节背面无刺，第 2～7 腹节背面前缘和后缘各有成列的小刺，第 3～7 腹节前缘的小刺成片，第 8～10 腹节只有一列较大的刺。腹末具有 8 根钩状刺毛。茧的形状为长椭圆形，颜色为灰白色。

3. 为害发生情况

物种分布：该虫分布范围广，各苹果产区均有发生。主要集中发生在东北、华北、西北等地区。

主要为害：该虫多为幼虫为害。幼虫主要取食果实并蛀入其中，在果实外皮下浅层进行为害，对于小果类果实幼虫可深入果心。初蛀孔周围会呈现红色，俗称"红眼圈"。随后，被害部位症状逐渐扩大，干枯凹陷，颜色变为褐色至黑褐色，俗称"干疤"。干疤上具小孔数个，并含有少量虫粪。幼果被害后常会出现畸形。若幼虫蛀果后未成活，蛀孔周围的果皮会变青，这被称为"青疗"（图 16）。

4. 防控措施

苹小食心虫的防控需要采取综合措施。

农业防治：一是消灭越冬幼虫。在果树发芽前，应刮除老皮和翘皮下的幼虫，并妥善处理或烧毁吊树用的支竿和草绳，同时清除树下的枯枝落叶和杂草，以减少虫源。二是摘除虫果。应结合疏果工作，及时摘除虫果并集中处理。

物理防治：一是在树干和侧枝等位置绑麻袋片以收集幼虫，

图 16　苹小食心虫的为害症状
（图片来源：耕种帮种植网）

并在果实采收期用麻袋覆盖堆果，待幼虫潜入后集中消灭。二是通过给果实套袋，可以保护果实免受虫害侵袭。

化学防治：在成虫和卵盛期，可喷洒 5% 甲氨基阿维菌素苯甲酸盐微乳剂、20% 氰戊菊酯等以有效控制虫害。利用成虫的趋化性，通过糖醋液诱集成虫，不仅可以减少成虫数量，还可以作为预测成虫发生的一种手段。

十七、红铃虫

1. 分类地位

动物界（Animalia）、节肢动物门（Arthropod）、昆虫纲（Insecta）、鳞翅目（Lepidoptera）、麦蛾科（Gelechiidae）、红铃虫属（*Pectinophora*）。

拉丁学名：*Pectinophora gossypiella*。

其他中文名：红铃虫、红铃麦蛾。

2. 形态特征

成虫：为棕黑色小蛾，体长约为6.5毫米，灰白色。翅展约为12毫米，前翅呈尖叶形，具有4条略宽的暗褐色横带，后翅呈菜刀形。

卵：呈椭圆形，初产时为乳白色，孵化前变为粉红色。

幼虫：体长11～13毫米。小龄幼虫体色为黄白色，老熟幼虫呈润红色。

蛹：长椭圆形，长度在6～8毫米，颜色为黄褐色至棕褐色。蛹外有灰白色的茧。

3. 为害发生情况

物种分布：除罗马尼亚、保加利亚、匈牙利等国外，全世界各产棉国家均有分布。在我国，除甘肃的黄河两岸、河西走廊以及山西和陕西的北部、宁夏、辽宁、青海和新疆外，其他棉区均有分布。

主要为害：该物种是为害棉花等锦葵科棉属经济作物蕾、花、铃的主要害虫之一，它会引起蕾铃脱落，导致僵瓣、黄花等现象。为害蕾时，害虫从顶端蛀入造成蕾脱落；为害花时，会吐丝牵住花瓣，使花瓣不能张开，形成"扭曲花"或"冠状花"；当铃长到10～15毫米时，害虫会钻入其中，侵入孔很快愈合成一小褐点，有时害虫还会在铃壳内壁潜行形成虫道，虫道呈水青色；在为害种子时，害虫会吐丝将两个棉籽连在一起（图17）。

4. 防控措施

红铃虫的防控需要采取一系列综合措施，以有效管理和减少其对农作物的为害。

越冬管理：通过修建专门的除虫仓库，或在田头地边设立临时晒花场，在集中收花、晒花、储花和轧花的基础上，将晒干的籽棉直接包装运走，避免其在仓库中过冬，这是一个相对彻底的办法。此外，可以在棉仓的墙壁上可以设置封锁线，如水槽或粘虫胶带，并喷洒适当的药剂，以防止红铃虫爬到屋顶等处过冬。

农业防治：采用农业栽培措施可以有效减轻红铃虫的为害。例如，在两熟棉田中可以采用麦棉复种方式，通过高密度种植和早打顶，促使棉花早熟，从而避开红铃虫的第一代和第三代的部分为害期。同时，残留的棉秆和枯铃需要在5月中旬前彻底烧掉，以减少越冬虫源。

图 17　红铃虫的为害症状

物理防治：在红铃虫羽化期安装3瓦黑光灯诱杀成虫，也能起到良好的效果。

生物防治：春季时，投放天敌如金小蜂来进行防治红铃虫。

化学防治：设置约10%的早熟棉花作为诱杀田，诱集成虫产卵后集中喷药进行防治。常用的药剂包括2.5%溴氰菊酯乳油、10%氯氰菊酯乳油、20%氰戊菊酯乳油等。

通过这些措施的综合运用，能够有效控制红铃虫的繁殖和传播，保护棉花的产量和质量，提高农作物的经济效益。

十八、美国白蛾

1. 分类地位

动物界（Animalia）、节肢动物门（Arthropod）、昆虫纲（Insecta）、鳞翅目（Lepidoptera）、灯蛾科（Arctiidea）、白蛾属（*Hyphantria*）。

拉丁学名：*Hyphantria cunea*。

其他中文名：网幕毛虫、秋幕蛾、美国白灯蛾、色狼虫（幼虫）。

2. 形态特征

成虫：雌蛾体长 9～15 毫米，翅展 30～42 毫米；雄蛾体长 9～13 毫米，翅展 25～36 毫米。雄蛾触角腹面呈黑褐色，形状为双栉齿状，栉齿为黑色。胸部背面密布白毛，多数个体腹部白色且无斑点，少数个体腹部为黄色，并散布有黑点。雌蛾触角锯齿状，颜色为褐色，复眼为黑褐色且无光泽，形状为半球形，大而突出。

卵：圆球形，直径 0.5～0.53 毫米。初产时卵淡绿色或黄绿色，随后逐渐加深，孵化前变为灰褐色，顶部呈褐色。

幼虫：初孵幼虫一般为黄色或淡褐色。老熟幼虫头部黑色，有光泽。其头宽为 2.4～2.7 毫米，体长为 22～37 毫米。

蛹：初为淡黄色，随后变红褐色，其体长为 8～15 毫米，宽为 3～6 毫米。

3. 为害发生情况

物种分布：原产于北美洲，主要分布于美国和加拿大南部。1979年6月，我国首次发现了美国白蛾。目前，其主要分布在北京、黑龙江、吉林、辽宁、河北、山东、安徽、河南、内蒙古东部、山西大部以及陕西中东部地区。

主要为害：美国白蛾是一种典型的多食性害虫，能够取食为害绝大多数阔叶树以及灌木、花卉、蔬菜、农作物以及杂草等。其主要通过幼虫取食植物叶片为害，在取食过程中会吐出大量的丝网形成网幕。幼虫取食时通常先从叶缘开始，最终只余下叶脉，甚至还会啃食树皮，从而削弱了树木的抗害、抗逆能力，严重影响林木生长（图18）。同时，美国白蛾还会侵入农田，为害农作物，导致减产、减收，甚至绝产，因此被形象地称为"无烟的火灾"。

图18　美国白蛾为害症状

4. 防控措施

美国白蛾的防控需要采取多种措施，以有效管理和减少其对环境的危害。

加强检疫：这是防止美国白蛾长距离迁移的重要手段。对疫区的林产品进行严格检疫，严禁未经检疫或处理的产品外运，特别是苗木、原木、木材、果品、包装材料和交通工具等，以防止疫情的扩散和蔓延。

农业防治：在卵期，人工摘除带卵的叶片并进行集中销毁或深埋处理；在幼虫期，根据其吐丝结网的习性，剪除网幕；在蛹期，通过设置草把诱集老熟幼虫化蛹并集中销毁；在成虫期，利用其飞翔力弱的特点进行人工捕杀。

物理防治：利用美国白蛾成虫的趋光性安装杀虫灯，以减少成虫的交尾和产卵。

生物防治：一是可以释放天敌如周氏啮小蜂对美国白蛾的老熟幼虫期至蛹期进行控制，同时保护和利用自然界的捕食性天敌如蜘蛛、瓢虫、螳螂等。二是使用苏云金杆菌、球孢白僵菌及核型多角体病毒等进行喷雾处理。三是利用性信息素诱捕雄性成虫。

化学防治：化学药剂应选用对幼虫活性较高的药剂，如联苯菊酯、高效氯氟氰菊酯等进行喷洒，以有效控制虫害。

十九、美洲斑潜蝇

1. 分类地位

动物界（Animalia）、节肢动物门（Arthropod）、昆虫纲（Insecta）、双翅目（Diptera）、潜蝇科（Agromyzidae）、斑潜蝇属（*Liriomyza*）。

拉丁学名：*Liriomyza sativae*。

其他中文名：蔬菜斑潜蝇。

2. 形态特征

成虫：体色为灰黑色，体长1.3~2.3毫米，翅长约2毫米，头部、大部分胸部、两侧、腹部为浅黄色，额区亮黄色，其余为黑色，有光泽。雌成虫体形略大于雄成虫。

卵：呈长椭圆形，直径为0.2~0.3毫米，颜色为米色，半透明状。

幼虫：呈蛆状，成熟时体长可达3毫米，初孵时无色，随后逐渐变为淡黄色至橙黄色。头部前端略尖锐，后气门处可见有短柄突起。

蛹：呈椭圆形，腹面较为扁平，初期为白色，随后逐渐变为橙黄色，羽化前则变为棕色，大小为1.7~2.3毫米。

3. 为害发生情况

物种分布：美洲大陆大部分国家都有分布。该物种于1993年底在我国海南三亚的蔬菜基地首次被发现。目前，我国除青海、西藏和黑龙江以外，其他地区均有不同程度的发生，尤其是我国的热带、亚热带和温带地区。

主要为害：该害虫可为害茄科、葫芦科、十字花科等36科植物。成虫、幼虫均可造成危害，但主要以幼虫为主。它嗜食番茄、瓜类、莴苣和豆类等作物，是一种杂食性害虫。雌成虫用产卵管在叶片上刺伤叶片组织，形成许多"刻点"。幼虫孵化后，会潜食叶肉，蛀蚀茎秆和果实，留下曲折蜿蜒的食痕。在苗期，特别是2~7叶期，受害尤为严重。严重的潜痕密布会严重影响光合作用，导致叶片发黄、枯焦甚至脱落，进而影响植株的正常发育，严重时甚至会导致作物死亡（图19）。

图19 美洲斑潜蝇的为害症状

4. 防控措施

防控美洲斑潜蝇需要采取综合措施。

田间管理：包括适当疏植以增加通风透光率，及时清理受害植株残体，并将其深埋或焚烧，以降低蛹的羽化率。避免偏施氮肥，注意磷、钾肥和微量元素的使用。

农业防治：轮作和套种，将易受害的瓜类、茄果类、豆类与不易受害的作物进行交替种植，以减少虫害发生。

物理防治：设置黄板和诱蝇纸，利用其趋黄习性诱杀成虫，有效降低成虫数量。

生物防治：可通过释放寄生蜂等天敌来自然抑制虫口数量，寄生率可达50%以上。

化学防治：需在幼虫2龄期前，及时喷洒如10%溴氰虫酰胺、4.5%高效氯氰菊酯等高效低毒的杀虫剂，并注意交替使用不同药剂，以防害虫产生抗药性。

二十、意大利蜂

1. 分类地位

动物界（Animalia）、节肢动物门（Arthropod）、昆虫纲

（Insecta）、膜翅目（Hymenoptera）、蜜蜂科（Apidae）、蜜蜂属（Apis）。

拉丁学名：*Apis mellifera ligustica Spinola*。

2. 形态特征

腹部呈细长椭圆形，腹板几丁质呈现为黄色。工蜂腹部第2～4节背板的前缘可见黄色环带，这些环带在原产地因个体差异而宽窄不一，颜色深浅也有所不同。体色相对较浅的意大利蜂通常具有黄色小盾片；而体色特别浅的意大利蜂，其腹部末端仅呈现一个棕色的斑点，这种特殊的体色被誉为"黄金种蜜蜂"。绒毛为淡黄色。此外，工蜂的喙略长，平均长度为6.5毫米；腹部第4节背板上绒毛带的宽度中等，平均为0.9毫米；腹部第5背板上覆毛较短，其长度平均为0.3毫米；肘脉指数处于中等水平，平均为2.3。

3. 为害发生情况

物种分布：该物种原产于意大利的亚平宁半岛，是典型的地中海型气候和生态环境的产物。从19世纪50年代开始，它被先后引进到德国、波兰、英国、美国、澳大利亚、俄罗斯、新西兰等多个国家。如今，它已广泛适应从亚热带到寒温带的大部分气候条件，在全球范围内分布广泛，包括我国各地也均有分布。

主要为害：意大利蜂分布于森林、耕地、植物园、公园及与人类相关的生境中。由于其种群数量庞大，它们往往能够迫使本地蜜蜂取食那些质量较差、回报较少的蜜源植物，从而导致本地蜜蜂的繁殖力下降。此外，意大利蜂的取食效率也明显高于本地蜜蜂。然而，意大利蜂并不能为当地植物提供高效传粉服务，因此其入侵可能导致当地一些植物无法正常结果或结果量减少，进而对植物多样性和群落结构产生负面影响（图20）。

图20　意大利蜂为害症状

4. 防控措施

生物防治：一是利用蜂螨。蜂螨是意大利蜂常见的寄生虫，可在春季和秋季蜂群繁殖期，投放蜂螨进行防治。二是利用胡蜂防治。在意大利蜂活动频繁的季节，可以投放或引入胡蜂等天敌来减少意大利蜂的数量或控制其行为，但这种方法需要谨慎操作，以避免对生态环境造成不良影响。同时，投放胡蜂的具体方法和效果可能因地区、季节和投放数量等因素而异，需要进行科学评估和管理。

二十一、温室白粉虱

1. 分类地位

动物界（Animalia）、节肢动物门（Arthropod）、昆虫纲

(Insecta)、半翅目（Hemiptera）、粉虱科（Aleyrodida）、小粉虱属（*Bemisia*）。

拉丁学名：*Trialeurodes vaporariorum*。

其他中文名：白粉虱、白蝇。

2. 形态特征

成虫：体长 0.09～1.06 毫米，体色淡黄。翅面覆盖有白色蜡粉，前翅脉具有分叉结构。停息时，双翅闭合形似屋脊，与蛾类相似。翅端呈半圆状，完全遮住整个腹部。翅脉结构简单，沿翅外缘有一排小颗粒。雌虫腹部末端有 3 对产卵瓣（背瓣、腹瓣、内瓣），初羽化时向上折叠，随后展开。雄虫腹部末端有一对钳状的阳茎侧突，中央有弯曲的阳茎结构。雌虫腹末呈钝圆状，雄虫腹末则较为尖锐。

卵：长约 0.2 毫米，呈长椭圆形（侧面观察），顶部略尖，端部具有卵柄，卵柄通过产卵器插入叶表组织中。卵颜色变化由顶部开始逐渐扩散到基部，由白色（浅绿色）到黄色，再逐渐由顶部延伸到基部变为褐色，孵化前变为黑紫色。卵表面覆盖有成虫分泌的蜡粉，较为明显。

若虫：1 龄若虫体长约 0.29 毫米，形状为长椭圆形，较为细长。具有发达的胸足，能进行短距离的爬行，后期则保持静止状态。触角发达，腹部末端有一对发达的尾须，其长度约占体长的 1/3。2 龄若虫体长约 0.37 毫米，胸足较 1 龄若虫相比显著变短，失去步行能力，开始定居，身体显著加宽，呈椭圆形；尾须显著缩短。3 龄若虫体长约 0.51 毫米，体色为淡绿或黄绿色，体形与 2 龄若虫相似，但略大；足与触角残存，紧贴在叶片上进行固着生活。体背面的蜡腺开始分泌蜡丝至背面；体背显著可见 3 个白点，即胸部两侧的胸褶及腹部末端的瓶形孔。

伪蛹：为 4 龄若虫，体长 0.7～0.8 毫米，呈椭圆形。初期形状扁平,逐渐加厚呈圆柱状(侧面观察),体色为黄褐色,中央略高。体背分布有长短不齐的蜡丝,体侧具有刺状结构。

3. 为害发生情况

物种分布:原产于北美洲西南部,后传入欧洲,现已广泛分布于美洲、欧洲、非洲、亚洲、大洋洲的很多国家和地区。在我国,该物种于1975年在北京被发现,目前已在东北、华北、华东和西北等地区普遍发生。

主要为害:其寄主植物范围十分广泛,据目前统计,温室白粉虱能为害的寄主植物有213种,其中包括蔬菜和花卉等。温室白粉虱对寄主植物的为害主要表现在以下几个方面:一是成、若虫及伪蛹前期均会刺吸植物汁液,造成叶片褪色、萎蔫、枯死,进而引起寄主植物产量降低(图21)。二是能传播寄主植物的某些病毒病,如番茄黄化曲叶病毒病等。三是在寄主植

图21 温室白粉虱的为害症状

物上分泌大量蜜露，污染叶面和果实，从而引起煤污病。四是引起植物生理异常，削弱寄主植物的生长势，并使果实过早脱落。

4. 防控措施

温室白粉虱的防控需要采取综合措施，以应对其广泛的为害性和强抗药性。

田间管理：要加强隔离工作，通过使用60目及以上的防虫网封闭棚室的通风口和其他开口，有效防止外界害虫进入。要确保净苗入棚，在育苗阶段进行全面的病虫害防控，防止携带病虫害的幼苗进入棚室，为后期的健康生长打下坚实基础。

农业防治：要合理安排作物轮作，避免番茄与辣椒等易受白粉虱侵袭的作物连作，并减少可能的混栽现象，以降低虫害发生的风险。要做好清园和整治工作，及时清除植株的老叶、残体和病株，并在拉秧后对棚室进行全面消毒，减少虫源的残留。

物理防治：安装粘虫板和诱捕灯，以有效控制虫害的扩散。

化学防治：可参考选用噻嗪酮、吡虫啉、联苯菊酯、氯氟氰菊酯、甲氰菊酯等药剂进行防控。

二十二、烟粉虱

1. 分类地位

动物界（Animalia）、节肢动物门（Arthropod）、昆虫纲（Insecta）、半翅目（Hemiptera）、粉虱科（Aleyrodida）、小粉虱属（*Bemisia*）。

拉丁学名：*Bemisia tabaci*。

其他中文名：小白蛾、银叶粉虱。

2. 形态特征

烟粉虱属渐变态昆虫，其个体发育过程分为卵、若虫、成虫3个阶段。其中，若虫阶段经历3次蜕皮，通常将第3龄若虫蜕皮后形成的蛹称为伪蛹或拟蛹。

卵：具有光泽，呈长梨形，有小柄，与叶面垂直附着。初产时卵为淡黄绿色，随着孵化临近，颜色逐渐加深至深褐色。

若虫：体色为淡绿色至黄色，1龄若虫有足和触角，能够活动；进入2龄和3龄后，足和触角退化至只有一节，此时若虫固定在植株上取食；3龄若虫蜕皮后形成伪蛹，其蜕下的皮会硬化成蛹壳。

伪蛹：蛹壳呈淡黄色，长度在0.6～0.9毫米，边缘薄或自然下垂，背面分布有17对粗壮的刚毛（或有时无毛），有两根尾刚毛。

成虫：主要寄生于叶背面，体色为淡黄白色，翅2对，白色，被蜡粉无斑点，体长0.85～0.91毫米，前翅脉一条不分叉。

3. 为害发生情况

物种分布：该物种广泛分布于南美洲、欧洲、非洲、亚洲、大洋洲的众多国家和地区。在我国，它分布于广东、广西、海南、福建、云南、上海、浙江、江西、湖北等20个省（自治区、直辖市）。

主要为害：在为害初期，植株的叶片会出现白色小点，沿叶脉变为银白色，后发展至全叶呈银白色，光合作用受阻，严重时植株除心叶外的多数叶片布满银白色膜，导致植株生长缓慢，叶片变薄，叶脉、叶柄变白发亮，呈半透明状。同时，其还会分泌蜜露,引发煤污病,当病情严重时,叶片会变成黑色,这不仅会影响植株光合作用和花卉观赏效果,甚至可能导致整株植物死亡(图22)。

图22 烟粉虱为害症状

4.防控措施

烟粉虱的防控需要综合运用多种措施来有效地管理和减少其对作物的影响。

农业防治:为了培育无虫苗,必须将苗床与生产温室分开,并在育苗前通过高浓度药剂熏蒸苗床,以彻底清除残虫和杂草,防止虫苗进入大田。在大棚种植时,要避免黄瓜、番茄、西葫芦等农作物的混栽,建议与芹菜、葱、蒜等作物轮作,通过合理的栽培农艺措施实现控制虫害的目的。

化学防治:在番茄烟粉虱若虫发生初期,使用30%螺虫·噻虫嗪悬浮剂,每亩兑水45千克,采用喷雾方法对叶片正反面均匀喷雾,喷雾时应注意均匀、周到,以喷湿、喷透至药液即将滴落为宜,每季最多施药1次。烟粉虱产卵初期至始盛期,使用40%噻嗪酮悬浮剂喷雾施药,兑水量45～50千克/亩,每季最多施药1次。

烟粉虱对多种作物和杂草均有为害且繁殖能力强，因此需要在较大范围内进行统一防治。在施药时，确保施药时叶面和叶背均匀喷洒，以取得更好的防治效果。

二十三、西花蓟马

1. 分类地位

动物界（Animalia）、节肢动物门（Arthropod）、昆虫纲（Insecta）、缨翅目（Thysanoptera）、蓟马科（Thripidae）、蓟马属（*Thrips*）。

拉丁学名：*Frankliniella occidentalis*。

其他中文名：苜蓿蓟马、西方花蓟马。

2. 形态特征

成虫：雄虫体长为0.9～1.1毫米，雌虫体长略大，为1.3～1.4毫米。触角共8节，其中第3节突起或外形轻微扭曲。体色从红黄色到棕褐色，腹节为黄色，通常可见灰色边缘。腹部第8节有梳状毛。头、胸两侧常可见灰色斑点。刚毛位于眼周，其中眼前刚毛和眼后刚毛长度相等。前缘刚毛和后角刚毛均发育完全，且长度近似。翅发育完全，边缘有灰色或黑色的缨毛，当翅折叠时，可在腹部中下端观察到一条明显的黑线。翅面上分布有两列刚毛。

卵：长度为0.2毫米，颜色为白色。

若虫：体色为黄色，眼睛呈浅红色。

3. 为害发生情况

物种分布：该物种原产于北美洲，目前广泛分布于亚洲、非洲、北美洲、南美洲、欧洲、大洋洲等70多个国家和地区。2000年，该物种首次在我国台湾被发现，随后于2003年6月在北京也有发现。目前，在我国主要分布在北京、河北、山东、江苏、浙江、云南、贵州、台湾、西藏、内蒙古等地。

主要为害：这是一种杂食性害虫，成虫和若虫均能造成危害。它们以锉吸式口器直接取食植物的茎、叶、花、果，但更偏好取食植物的花和花粉。这种取食行为可导致花瓣褪色、叶片皱缩、茎和果实畸形，使植物品质下降，最终影响植物的正常生长发育，甚至导致枯萎死亡。此外，该害虫还传播包括番茄斑萎病毒在内的多种病毒，其传播病毒造成的病害导致的经济损失，远大于西花蓟马本身取食所造成的损失。已知寄主植物主要有李、桃、苹果、葡萄、草莓、茄子、辣椒、番茄等，其中，番茄的产量可因此减少50%～90%（图23）。

4. 防控措施

为了有效防控西花蓟马，需要采取综合措施。

加强检疫：这是防止其传播和蔓延的首要步骤，通过严格的检疫制度，阻止其从外部引入。

物理防治：利用黄板诱虫、诱虫灯等进行防治。

生物防治：利用天敌如钝绥螨和小花蝽可以有效控制西花蓟马的为害，这些天敌不仅能捕食蓟马，还能在缺乏食物时取食花粉，提供持久的防治效果。

化学防治：由于西花蓟马对许多传统杀虫剂已产生抗性，因此，选择具有持久效果的昆虫生长调节剂，如氟虫脲、氟啶脲、虱螨脲等，并与生物防治结合使用，可以增强防治效果。此外，通过筛选当地种群敏感的药剂，实施药剂轮换，减少施药次数，可以减轻化学杀虫剂的使用压力，延缓抗性产生，可以更全面地控制西花蓟马的为害，保障作物的健康生长。

图 23 西花蓟马为害症状

二十四、二斑叶螨

1. 分类地位

动物界（Animalia）、节肢动物门（Arthropod）、蛛形纲（Arachnida）、蜱螨目（Acarina）、叶螨科（Tetranychidae）、叶

螨属（*Tetranychus*）。

拉丁学名：*Tetranychus urticae*。

其他中文名：棉红蜘蛛、白蜘蛛、绿蜘蛛、草莓红蜘蛛。

2. 形态特征

成螨：体色多变，常见淡黄绿色、浓绿色、褐绿色、橙红色或锈红色，越冬雌螨呈橙黄色。雌成螨体长 0.42～0.59 毫米，椭圆形，前端近圆形，腹末较尖。雄成螨体长 0.26～0.40 毫米，菱形或卵圆形，腹部末端稍尖。体背两侧各有 1 个暗红色、暗绿色或褐色长斑，部分个体斑块中部色淡，形成前后两段。

卵：圆球形，直径约 0.1 毫米，表面光滑且有光泽。初产时无色透明，渐变为淡黄色或乳白色，孵化前出现 2 个红色眼点。

幼螨：近半球形，初孵时无色透明，取食后变为淡黄绿色或红褐色，足 3 对。体两侧可出现深色斑块。

若螨：分为第 1 若螨期和第 2 若螨期，体椭圆形，足 4 对。黄绿色或墨绿色，体背两侧逐渐显现与成螨相似的圆形或长形褐斑。

其他鉴别特征：成螨体背刚毛 26 根，排成 6 横排；雌螨越冬后体色转为橙黄色，斑块可能消失。

3. 为害发生情况

物种分布：在欧洲、北美洲、非洲等地区均有分布。1978 年首次在我国台湾发现，1983 年在北京花卉市场一串红上发现，推测为随进口的花卉传入。目前，该物种在北京、河北、山西、天津、山东、辽宁、河南、江苏等地均有发现。

主要为害：该螨是世界性的害螨，对蔬菜、棉花以及花卉观赏植物等造成严重危害。在幼螨、若螨、成螨期，它主要以刺吸式口器吸食叶片汁液，对寄主植物组织造成机械伤害。取食过程中，它会分泌有害物质残留在寄主体内，对植物组织产生毒害作用。这导致叶片逐渐褪绿，出现黄灰色斑点，并扩散至整个叶片，甚至叶柄和蕾、花、铃的基部产生离层而脱落，使植株呈现火烧状。每叶仅需 1～2 头成螨为害，叶面就可出现黄色斑块；若每叶约有 5 头成螨为害，叶面则可出现红色斑块，螨的数量越多，斑块越大，最终叶片会干枯脱落，严重影响农作物的品质和产量。当螨量大时，它们会吐丝聚集成团，随风向邻近作物扩散为害（图 24）。

图 24　二斑叶螨为害症状
（图片来源：百度百科）

4. 防控措施

防控二斑叶螨需要采取综合措施，以有效减少其对作物的为害。

农业防治：应及时铲除田边的杂草，清除残枝败叶，这有助于减少二斑叶螨的栖息地。

生物防治：一是要保护和利用天敌，如深点食螨瓢虫、小花蝽、六点蓟马、中华草蛉和大草蛉等，利用它们的自然捕食能力来控制螨类数量；二是利用生物农药，如18%阿维·矿物油乳油、1.8%阿维菌素乳油等。

化学防治：可以选择使用多种药剂。如30%四螨·联苯肼悬浮剂、22%噻酮·炔螨特乳油、12.5%阿维·三唑锡可湿性粉剂等药剂，需按照推荐倍数进行喷施，建议每季防治2～3次，以达到最佳效果。

第三部分
潜在入侵病虫种类、发生及防治

二十五、番茄细菌性叶斑病菌

1. 分类地位

细菌界（Bacteria）、γ-变形菌纲（Gammaproteobacteria）、假单胞菌目（Pseudomonadales）、假单胞菌科（Pseudomonadaceae）、假单胞菌属（*Pseudomonas*）。

拉丁学名：*Pseudomonas syringae* pv.*tomato*。

2. 病原特征及为害症状

该病菌呈短杆状，单细胞，直或稍弯，大小为（0.1～1.0）微米×（1.5～4.0）微米。革兰氏染色呈阴性反应，在含蔗糖的培养基上能产生绿色荧光。

该病菌可为害番茄叶、茎、花、叶柄和果实。叶片感病后，产生深褐色至黑色不规则斑点，直径2～4毫米，斑点周围有时会出现黄色晕圈。叶柄和茎秆的症状相似，均会产生黑色斑点，但病斑周围无黄色晕圈。病斑易连成斑块，严重时可使茎秆变黑。花蕾受害时，在萼片上会形成许多黑点，当黑点连片时，使萼片干枯，不能正常开花。幼嫩果实初期的小斑点稍隆起，而果实近成熟时，病斑周围往往仍保持较长时间的绿色。

病斑附近果肉略凹陷，病斑周围为黑色，中间颜色较浅并有轻微凹陷（图 25）。

图 25　番茄细菌性叶斑病菌的为害症状
（图片来源：农度老杨——如何防治番茄细菌性叶斑病）

3. 发生与分布

该病菌主要寄主是番茄、辣椒，在棚室和露地内都有发生。在国内，其主要分布在北京、吉林、辽宁、黑龙江、河北、山西、甘肃、宁夏、内蒙古、新疆、台湾、天津等地。

4. 传播途径

该病菌的传播途径多样。它可在番茄植株、种子、病残体、土壤和杂草上越冬，并成为第二年初侵染源。在干燥的种子上，该病菌可存活 20 年，并能随种子进行远距离传播。当播种带菌种子，幼苗即可发病。幼苗发病后传入大田，并通过雨水、昆虫、农事操作传播，导致该病流行。在田间，只要最初有 10% 植株发病，就可传染整个地块。

5. 发生流行规律

病菌偏好温暖潮湿的环境，最适宜发病的温度范围在

18～28℃，当温度维持在20～25℃且相对湿度超过90%时，病害将更为严重。潮湿、冷凉、低温多雨的天气，都有利于病菌的发病。此外，采用喷灌方式进行灌溉的地块有利于发病。通常，如果叶面保湿24小时，有利于病情的扩展。特别是在采用喷灌技术的干旱地区，由于叶面容易长时间保持湿润，因此病害也更容易发生。

6. 防控措施

选用抗病品种：选择抗病性强的品种进行种植。

田间管理：在干旱地区，应采用滴灌方式灌溉，避免使用喷灌方式，减少病害的传播。

农业防治：田间收获后，及时清除病残体，集中销毁，并深翻土壤，以减少初侵染源。

生物防治：发病初期，喷洒新植霉素进行防治。

化学防治：发病初期，喷洒77%氢氧化铜可湿性粉剂400～500倍液、14%络氨铜水剂300倍液、50%琥胶肥酸铜可湿性粉剂500倍液、每7～10天喷药1次，连喷2～3次。

注意：铜制剂不能与碱性农药混合使用，否则容易产生药害。

二十六、辣椒细菌性斑点病菌

1. 分类地位

细菌界（Bacteria）、γ-变形菌纲（Gammaproteobacteria）、黄单胞菌目（Xanthomonadales）、黄单胞菌科（Xanthomonadaceae）、黄单胞菌属（*Xanthomonas*）。

拉丁学名：*Xanthomonas camperstirs* pv.*vesicatoria*。

2. 病原特征及为害症状

在田间点片发生，主要为害叶片。该病扩展速度很快，一株上个别叶片或多数叶片发病，植株仍可生长，严重的叶片大部脱落。多在成株期发生，主要为害叶片、茎，果实也可受害。叶片发病，初时出现水浸状、黄绿色小斑点，逐渐扩大成大小不等的圆形或不规则形病斑。病斑边缘褐色，稍隆起，中部浅褐色，稍凹陷，表面粗糙。病斑多时可融合成较大病斑或病斑连片，引起叶片脱落（图26）。重病株叶片几乎落光，仅剩枝梢几片小叶，对产量影响很大。茎部发病，病斑呈不规则条斑或斑块，后木栓化，或纵裂为疮痂状。果实发病，出现圆形或不规则疱症状黑褐色病斑，后期斑疮痂状，边缘有裂口，并有水浸状晕环，湿度大时有少许菌脓溢出。

图26　辣椒细菌性斑点病菌为害症状

（图片来源：求真百科《辣椒细菌性斑点病》，农宝通《辣椒细菌斑点病，主要为害叶片》）

3. 发生与分布

辣椒细菌性斑点病在世界各地辣椒产区均有分布，中国各辣椒产区普遍发生，包括南方的广东、福建、海南等省份，以及北方的山东、河北、河南等辣椒种植区。

4. 传播途径

传播途径：借风雨或灌溉水传播，从叶片伤口处侵入。与甜（辣）椒、甜菜、白菜等十字花科蔬菜连作地发病重，雨后易见该病扩展。东北及华北通常 6 月始发，7—8 月高温多雨季节蔓延快，9 月后气温降低，扩展缓慢或停止。

5. 发生流行规律

病菌主要随病残体在地上及种子上越冬，借雨水及昆虫传播，从气孔侵入。病菌生长发育最低温度 5℃，最适温度 27～30℃，最高 40℃。田间温度在 20℃以上和阴雨天气，病害发生严重。牛角尖椒比圆椒较易感病。

6. 防控措施

选用无病种子或播种前种子消毒。

化学防治：可用的杀菌剂如波尔多液 + 代森锰锌；铜制剂有 30% 琥胶肥酸铜可湿性粉剂或 30% 氧氯化铜进行防治。

二十七、黄瓜黑星病菌

1. 分类地位

真菌界（Eumycetes）、子囊菌门（Ascomycota）、座囊菌纲（Dothideomycetes）、球腔菌科（Sphaerellaceae）、枝孢属（*Cladosporium*）。

拉丁学名：*Cladosporium cucumerinum*。

2. 病原特征及为害症状

病菌菌丝白色至灰色，具有分隔。分生孢子梗细长且丛生，颜色暗褐色或淡褐色，会形成合轴分枝。该病菌主要为害黄瓜，在黄瓜全生育期均可能受到该病菌的侵害，主要为害部位包括生长点、嫩叶、嫩茎和幼瓜。幼苗发病时，子叶出现黄白色近圆形病斑，若病情严重时，心叶枯萎，形成秃头苗。成株生长点被害会形成秃桩。嫩叶染病后，叶面会呈现近圆形褪绿小斑点，这些斑点随后会扩大为 2～5 毫米近圆形或不规则形病斑，颜色为淡黄褐色，病斑后期多呈星状开裂，导致病叶多皱缩。瓜条染病，初生为暗绿色圆形至椭圆形病斑，随后会溢出透明的黄褐色胶状物，然后变为琥珀色。病斑处会凹陷、皲裂，并呈疮痂状。病部停止生长，导致瓜畸形，病瓜一般不腐烂，但无食用价值。在潮湿环境下，病瓜表面会生出明显的灰黑色霉层（图27）。

图 27 黄瓜黑星病为害症状
（图片来源：百度百科——黄瓜黑星病）

3. 发生与分布

黄瓜黑星病广泛分布于全球各地。在中国，黄瓜黑星病在各地黄瓜种植区均有发生。

4. 传播途径

病菌以菌丝体或丝块随残体在土壤中越冬，也可以分生孢子附着在种子表面或以菌丝潜伏在种皮内越冬。此外，还可以黏附在棚室墙壁缝隙或支架上越冬。当播种带菌种子时，该病菌可直接侵染幼苗。土壤中病残体上的病菌第二年可产生分生孢子，进而侵染定植的瓜苗。

5. 发生流行规律

露地和温室栽培的黄瓜均可染黄瓜黑星病，在温室大棚中病害发生较重。地势低洼积水、土壤潮湿、长期连阴雨、日照不足、大水漫灌、低温高湿以及昼夜温差大等环境因素均易导致病害的发生。特别是夜间低温、冷凉的环境条件下，病害更易流行。

6. 防控措施

农业防治：在发病严重地块，实行与非葫芦科作物轮作制度，轮作周期为2～3年；及时清除田间病株、落果、病叶和病花，带到棚外集中销毁或深埋处理，严禁随地乱扔。

物理防治：白天温度控制在28～30℃、夜间保持在15℃，并保持相对湿度低于90%；加强通风，降低棚内湿度，减少叶面结露。在黄瓜定植至结瓜期，要控制浇水。

生物防治：在发病初期，可用2000亿CFU/克枯草芽孢杆菌可湿性粉剂10克/亩进行喷施，每4～5天喷1次，连续喷施3～4次。

化学防治：定植前，大棚内用硫黄熏蒸消毒，每100立方米空间用硫黄0.25千克、锯末0.5千克，混匀后分几堆点燃，熏蒸一夜，可杀死棚内残留病菌。从无病留种株上采收种子，并选用无病种子，播前种子进行消毒处理，催芽前应进行温汤（或药剂）浸种。温汤浸种方法为先用50℃温水浸种15分钟或用50%多菌灵可湿性粉剂500倍液浸种20分钟，随后用清水洗净进行催芽；也可用2.5%咯菌腈悬浮种衣剂10毫升加水150～200毫升，混匀后加入5～10千克种子进行拌种，种子包衣后播种。发病初期喷施20%腈菌·福美双可湿性粉剂67～133克/亩或8%氟硅唑微乳剂62.5～75毫升/亩。

二十八、草地贪夜蛾

1. 分类地位

动物界（Animalia）、节肢动物门（Arthropod）、昆虫纲（Insecta）、鳞翅目（Lepidoptera）、夜蛾科（Noctuida）。

拉丁学名：*Spodoptera frugiperda*。

其他中文名：伪黏虫、秋行军虫、秋黏虫、草地夜蛾。

2. 形态特征

成虫：灰棕色，翅展宽32～40毫米，其中前翅为棕灰色，后翅为白色。雄虫前翅有较多花纹与一个明显的白点，雌虫前翅则没有明显的标记，颜色从均匀的灰褐色渐变到带有灰色和棕色的细微斑点，后翅是具有彩虹的银白色。

卵：圆顶状半球形，直径约为4毫米。初卵呈绿灰色，12小时后转为棕色，孵化前则接近黑色。

幼虫：头部具有一倒"Y"形的白色缝线。在迁移期间，末龄幼虫几乎全身为黑色。老熟幼虫体长35～40毫米，头部具黄色倒"Y"形斑。

蛹：幼虫在土壤深度为2～8厘米处化蛹。蛹期为7～37

天,这一时间也受温度影响。蛹的形状为椭圆形或卵形,颜色为红棕色且有光泽,长度为14～18毫米。

3. 为害发生情况

该物种原产于美洲热带和亚热带地区,于2019年1月首次被发现入侵我国云南西南部,截至目前,其已入侵我国西南、华南、江南、长江中下游、黄淮、西北、华北地区的26个省(自治区、直辖市)。

其主要在幼虫期对玉米、水稻等作物进行为害,且对各个生长期的玉米等作物均可为害。低龄幼虫取食叶片形成半透明薄膜"窗孔";高龄幼虫取食叶片形成不规则的长形孔洞,甚至取食未抽出玉米的雄穗和幼嫩的果穗,特别是当幼虫进入高龄幼虫期,暴食为害,造成叶片破烂状、植株折伏(图28)。

图28 草地贪夜蛾形态特征及为害症状

4. 防控措施

草地贪夜蛾的防控需要采取多种措施，以有效管理这种害虫对农作物的影响。

加强检疫：在植物出口前几个月，应在产地进行严格的检疫，确保植物无此害虫感染，特别是植物的一般类型（如切枝）应在低温环境下处理2～4天后再进行熏蒸，以防止害虫的传播。

选育抗病品种：育成抗多种害虫的玉米品种。

生物防治：多种寄生蜂和其他捕食性天敌可以寄生和捕食草地贪夜蛾的幼虫。幼虫的自然寄生率通常很高，达到20%～70%，其中大多数被茧蜂寄生，还有10%～15%可能被病原菌感染而死亡。20亿PIB/毫升的甘蓝夜蛾核型多角体病毒悬浮剂也可用于草地贪夜蛾的防治。

化学防治：当在玉米上发现5%的种苗断茎或20%的幼小植株叶丛受害时，就应采取防治措施。对于高粱，若每叶有1～2头幼虫或每穗上有两头幼虫，则达到经济阈值，需进行防治。70%氯虫苯甲酰胺水分散粒剂、75%氯虫苯·虱螨脲水分散粒剂、10%四氯虫酰胺悬浮剂等药剂均可用来进行防治。

二十九、马铃薯块茎蛾

1. 分类地位

动物界（Animalia）、节肢动物门（Arthropod）、昆虫纲（Insecta）、鳞翅目（Lepidoptera）、麦蛾科（Gelechiidae）。

拉丁学名：*Phthorimaea operculella*。

其他中文名：烟草潜叶蛾、马铃薯麦蛾。

2. 形态特征

成虫：体长 5～6 毫米，翅展 14～16 毫米。虫体呈灰褐色，略带银灰光泽。触角为丝状。下唇须 3 节，向上弯曲超过头顶。前翅狭长，鳞片呈黄褐色或灰褐色，翅尖略向下弯，翅中央分布有 4～5 个黑褐色斑点。

卵：椭圆形，微透明，长约 0.5 毫米，初产时为乳白色，微透明且带白色光泽，孵化前变黑褐色，并带紫蓝色光亮。

幼虫：空腹幼虫体呈乳黄色，为害叶片后呈绿色。末龄幼虫体长 11～13 毫米，头部为棕褐色。

蛹：棕色，长 6～7 毫米，宽 1.2～2.0 毫米，臀棘短小而尖，向上弯曲。蛹茧为灰白色，长约 10 毫米。

3. 为害发生情况

该物种原产于美洲亚热带地区或中美洲、南美洲的北部山区，目前广泛分布于全球主要马铃薯种植区。1937 年在我国广西柳州首次发现其为害烟草，现已扩散至四川、广东、广西、河南、陕西、内蒙古等省（自治区、直辖市）。

其最嗜寄主为烟草，其次为马铃薯和茄子，同时也会为害番茄、辣椒、曼陀罗、枸杞、龙葵、酸浆等茄科植物。幼虫主要为害茎、叶片、嫩尖和叶芽，导致被害的嫩尖、叶芽枯死，严重时整株幼苗枯死。幼虫可潜食于叶片之内蛀食叶肉，仅留上下表皮，使叶片呈半透明状。此外，该虫也为害储藏的马铃薯块茎（图 29）。

4. 防控措施

加强检疫：严格执行检疫制度，不从有虫区调进马铃薯。

图 29　马铃薯块茎蛾为害症状

（图片来源：问答社区——马铃薯块茎蛾常导致马铃薯大面积死亡，如何防治）

农业防治：及时培土，确保薯块不露出表土，以防止成虫在薯块上产卵。

生物防治：有研究证明，利用斯氏线虫（Steinernema 科）防治马铃薯块茎蛾有良好效果。当每块茎蛾幼虫上的致病体为 120 个以上时，3 天内可使该幼虫死亡率达 97.8%。同时，从每蛾幼虫产生的有侵染力线虫的幼虫数高达 1.3 万～1.7 万个。

化学防治：一是对有虫的种薯，用二硫化碳熏蒸，晾干后再贮存；二是在耕种期间的害虫发生，可喷洒 2.5% 高效氯氟氰菊酯，使用量为 30～40 毫升/亩，安全间隔期为 3 天，一季作物最多施用 2 次；或者使用 50 克/升虱螨脲进行防治，按推荐剂量在害虫发生初期叶面喷雾，建议水量在 30～45 升/亩。一季作物最多施用 3 次，安全间隔期 14 天。

三十、马铃薯甲虫

1. 分类地位

动物界（Animalia）、节肢动物门（Arthropod）、昆虫纲（Insecta）、鞘翅目（Coleoptera）、叶甲科（Chrysomelidae）、叶

甲亚科（Chrysomelinae）、瘦跗叶甲属（Leptinotarsa）。

拉丁学名：*Leptinotarsa decemlineata*（Say）。

其他中文名：蔬菜花斑虫。

2. 形态特征

成虫：体长 9～11.5 毫米，宽 6～7 毫米。体型短卵圆形，体背显著隆起，颜色为红黄色，有光泽。鞘翅色稍淡，每一鞘翅上具黑色纵带 5 条。头部为下口式，横宽，背方稍隆起，并向前胸缩入达眼处。唇基前缘几乎直，与额区有一横沟为界，唇基上面的刻点大而稀。复眼稍呈肾形。触角 11 节，第 1 节粗而长，第 2 节很短，第 5、第 6 节约等长，第 6 节显著宽于第 5 节，末节呈圆锥形。口器为咀嚼式。前胸背板隆起，宽为长的 2 倍。基缘呈弧形，前角突出，后角钝，表面布稀疏的小刻点。小盾片光滑。鞘翅卵圆形，隆起，侧方稍呈圆形，端部稍尖，肩部不显著突出。足短，转节呈三角形，股节稍粗而侧扁；胫节向端部放宽，外侧有一纵沟，边缘锋利；跗节显 4 节；两爪相互接近，基部无附齿。

幼虫：1 龄、2 龄幼虫暗褐色，3 龄逐渐开始变成鲜黄色、粉红色或橘黄色；头黑色发亮，前胸背板骨片及胸部和腹部的气门片暗褐色或黑色。幼虫背方显著隆起。头部为下口式，头盖缝短；额缝由头盖缝发出，开始一段相互平行延伸，然后呈一钝角分开。头的每侧有小眼 6 个，分成两组排列，上方 4 个，下方 2 个。触角短，共 3 节。上唇、唇基以及额之间由缝分开。头壳上仅着生初生刚毛，刚毛短；每侧顶部着生刚毛 5 根；额区呈阔三角形，前缘着生刚毛 8 根，上方着生刚毛 2 根。唇基横宽，着生刚毛 6 根，排成一排。上唇横宽。明显窄于唇基，前线略直，中部凹缘狭而深；上唇前缘着生刚毛 10 根，中区着生刚毛 6 根和毛孔 6 个。上颚三角形，有端齿 5 个，其中上部的一个齿小。1龄幼虫前胸背板骨片全为黑色，随着龄期的增加，前胸背板颜色变淡，仅后部仍为黑色。除最末两个体节外，虫体每侧有两行大的暗色骨片，即气门骨片和上侧骨片。腹片上的气门骨片呈瘤状突出，包围气门。中后胸由于缺少气门，气门骨片完整。4龄幼虫的气门骨片和上侧片骨片上无明显的长刚毛。体节背方的骨片退化或仅保留短刚毛，每一体节背方约8根刚毛，排成两排。第8、第9腹节背板各有一块大骨化板，骨化板后缘着生粗刚毛，气门圆形，缺气门片；气门位于前胸后侧及第1～8腹节上。足转节呈三角形，着生3根短刚毛；爪大，骨化强，基部的附齿近矩形。

卵：长卵圆形，长1.5～1.8毫米，颜色为淡黄色至深枯黄色。

蛹：为离蛹，椭圆形，长9～12毫米，宽6～8毫米，颜色为橘黄色或淡红色。成长幼虫转入土下化蛹。

3. 为害发生情况

马铃薯甲虫为害包括马铃薯、茄子、番茄在内的多种茄科植物，能够对马铃薯等农作物造成毁灭性为害。马铃薯甲虫幼虫的取食量随龄期的增加而明显增加，1～4龄幼虫的取食量分别占幼虫时期取食总量的2%、4%、19%、75%，即主要以3龄后的幼虫及成虫大量取食寄主，可造成马铃薯减产30%～50%，在严重地区会造成90%的产量损失，甚至绝收。

据统计，2010年马铃薯甲虫在我国新疆维吾尔自治区对马铃薯、茄子和番茄造成的年度经济损失达到2000多万元，造成严重的经济损失（图30）。

图30 马铃薯甲虫为害症状

4. 防控措施

基因工程：通过基因工程手段培养转基因植物来防治马铃薯甲虫。

农业防治：合理轮作，利用马铃薯甲虫生活的规律和特点，进行农作物倒茬，以减少越冬的成虫对农作物的破坏。

物理防治：主要通过减少栽培，人为建立隔离带，直接捕杀，但是对于大面积的害虫来说，防治效果并不理想。

生物防治：通过释放天敌，如瓢虫、蜻类、草蛉、捕食性甲虫、寄生性蝇类等进行防治。生物药剂上选择使用32000国际单位/毫克的苏云金杆菌G033A可湿性粉剂75～100克/亩，对马铃薯甲虫进行防治。

化学防治：目前，使用杀虫剂的化学防治仍是马铃薯甲虫防治的主要方法，然而马铃薯甲虫已经对很多杀虫剂都产生了抗药性，并且其抗药能力还在逐渐增强。因此，对于杀虫剂的选择和使用必须谨慎，尽可能选择对环境危害小的杀虫剂，避免对农田环境和周围生态系统造成破坏。

可选用高效氯氟氰菊酯、溴氰菊酯等叶面喷雾进行防控；也可使用噻虫嗪、呋虫胺等进行灌根或叶面喷施进行防控。

三十一、马铃薯根腐线虫

1. 分类地位

线虫动物门（Nematoda）、侧尾腺口纲（Secernentea）、垫刃目（Tylenchida）、异皮科（Heteroderidae）、短体线虫属（*Pratylenchus*）。

2. 形态特征

马铃薯根腐线虫主要有咖啡游离根线虫（*Pratylenchus cofeae*）和胡桃根腐线虫（*Pratylenchus vulnus* Allen et Jensen）两种，其形态特征各有不同，具体如下。

咖啡游离根线虫：

整体形状：成虫、幼虫均为圆筒形，蚯蚓状。

头部特征：唇部低且扁平，具有很有力的吻针。

生殖特征：雌线虫阴门位于虫体后部近尾端处，雄虫尾部发达。

胡桃根腐线虫：

体型：雌虫长 0.46～0.91 毫米，雄虫较雌虫略短、稍细，低龄线虫纤细，成熟后变宽。

头部：吻针 15～18 微米，粗短较强壮，具圆形吻针基球。

消化系统：食道具一中食道球，窄，具瓣。

体表：雌虫的阴门位于体后，侧区有等距纵线 4 条。

尾部：尾部逐渐变细，末端圆形无侧线，雄虫交合刺小，稍弯。

3. 为害发生情况

马铃薯根腐线虫病主要为害根部。病害严重时,植株会生长矮小,地上部分出现黄化现象。薯块表面产生黑褐色小斑点或褐色溃疡斑,这些病斑在储藏过程中会扩展,最终导致腐烂(图31)。

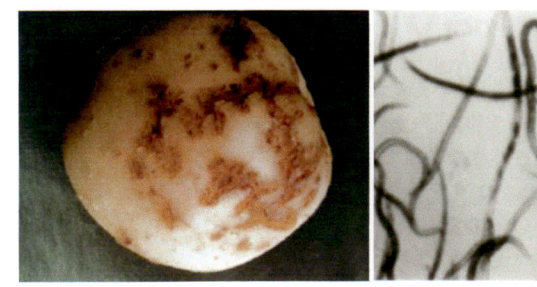

图 31　马铃薯根腐线虫为害症状

4. 防控措施

严格选种：选择栽植无线虫种薯。

农业防治：一是种植前每亩施干燥鸡粪150～500千克,这具有较好的防治效果；二是收获后立即清除病残体,集中深埋或烧毁。合理轮作,实行两年以上轮作制度,有条件的最好实行水旱轮作。